GUIDE D'OBSERVATION DES
DINOSAURES

GUIDE D'OBSERVATION DES
DINOSAURES

Henry Gee et Luis V. Rey

Traduit de l'anglais par
Marie-Cécile Brasseur

HURTUBISE
HMH

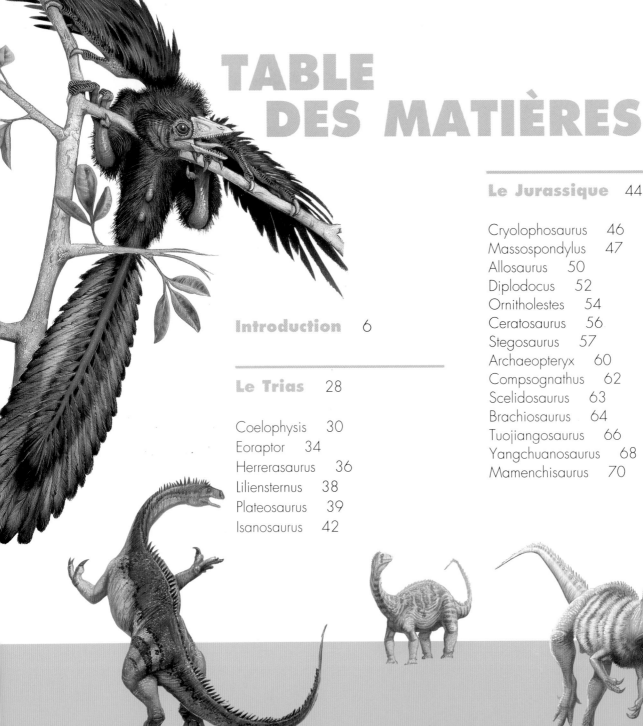

TABLE DES MATIÈRES

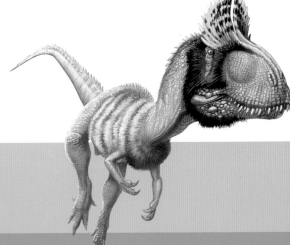

 Copyright © 2003, Hurtubise HMH
pour l'édition en langue française

Titre original de cet ouvrage :
A Field Guide to Dinosaurs

Direction éditoriale : Paula Reagan
Édition : Jill Mumford, Piers Spence
Direction artistique : Moira Clinch
Design : Paul Griffin
Cladogrammes : Dave Kemp
Index : Diana Lecore
Traduction : Marie-Cécile Brasseur
Mise en page : Geai bleu graphique

Édition original produite et réalisée par :
Quarto Publishing plc
The Old Brewery
6, Blundell Street
Londres N7 9BH Grande-Bretagne

Copyright © 2003, Quarto Publishing plc.

Les Éditions Hurtubise HMH bénéficient du soutien financier
des institutions suivantes pour leurs activités d'édition :
Gouvernement du Canada par l'entremise du Programme
d'aide au développement de l'industrie de l'édition (PADIÉ)
et Programme de crédit d'impôt pour l'édition de livres du
gouvernement du Québec.

ISBN : 2-89428-644-9

Dépôt légal : 3e trimestre 2003
Bibliothèque nationale du Québec
Bibliothèque nationale du Canada

Éditions Hurtubise HMH ltée
1815, ave. De Lorimier
Montréal (Québec) H2K 3W6
Tél. : (514) 523-1523
Téléc. : (514) 523-9969

Imprimé en Chine

www.hurtubisehmh.com

INTRODUCTION

Clarifions une chose d'emblée : ceci est une œuvre de fiction. Ce n'est ni un document scientifique, ni un rapport reposant sur les données tangibles des archives paléontologiques. Ce n'est pas non plus un documentaire présentant une reconstruction du monde des dinosaures comme s'il s'agissait d'un fait vérifiable. Ce livre a été conçu à titre de divertissement, en imaginant à quoi ressembleraient de vrais dinosaures observés à la manière dont les naturalistes observent les animaux dans la nature.

Toute œuvre de fiction s'enrichit toutefois de la recherche factuelle. Nous avons donc utilisé les découvertes paléontologiques les plus récentes comme points d'envol de nos spéculations. Nous espérons qu'elles seront suffisamment plausibles pour recréer l'expérience que constituerait l'observation de dinosaures en chair et en os. L'ère des dinosaures est incroyablement éloignée de la nôtre. Les 65 millions d'années qui se sont écoulées depuis leur disparition de la Terre les éloignent de notre ère un million de fois le temps qui nous sépare de la Deuxième Guerre mondiale. En outre, comme on peut s'y attendre, les vestiges de l'âge des dinosaures sont plus difficiles à trouver, en bien moins bon état et beaucoup plus complexes à interpréter que les objets souvenirs provenant des plages de Normandie ou de Pearl Harbour. Pratiquement tout ce que nous connaissons au sujet des dinosaures provient de restes écrasés et fragmentaires d'os et de dents, d'empreintes et d'œufs fossilisés. Rare est le fossile ayant préservé des tissus mous, tels les muscles, la peau et les viscères, qui pourrait nous laisser entrevoir les dinosaures non pas comme des paquets d'os, mais bien comme des animaux vivants.

Nombre des dinosaures dont vous ferez ici la connaissance étaient inconnus jusqu'à tout récemment. Nous vivons une période riche en découvertes, insurpassée depuis le XIXᵉ siècle, alors que les pionniers pénétraient dans l'Ouest nord-américain et livraient des charretées d'os au fil de leur avance. Ainsi, les restes de *Sinovenator*, de *Scipionyx*, de *Rapetosaurus*, de *Masiakasaurus* et de *Carcharodontosaurus* reposaient toujours dans le sol, il y a à peine une décennie. Les quelques dernières années ont aussi connu une explosion des connaissances sur la biologie des dinosaures par suite de découvertes capitales, dont la plus étonnante, sans doute, concerne les plumes.

À POILS ET À PLUMES

Certains des dinosaures trouvés récemment et avec lesquels vous ferez connaissance, notamment *Microraptor*, *Sinornithosaurus*, *Shuvuuia* et *Beipiaosaurus*, portaient des plumes semblables à celles des oiseaux, ou des fibres semblables à des plumes, ou les deux, ce qui confirme la suspicion vieille de cent ans voulant qu'oiseaux et dinosaures soient proches parents. Cela implique que les dinosaures à plumes étaient beaucoup plus nombreux que ne le suggèrent les fossiles. Ces faits, combinés avec une certaine licence romanesque, nous ont permis de parer de franges duveteuses quelques-uns des dinosaures dont il n'est pas établi qu'ils portaient des plumes, et d'imaginer leurs «poussins» couverts, en règle générale, d'un duvet comme en ont les canards. Cette extrapolation nous

Nous savons que *Microraptor* (à droite) avait des plumes, à partir de quoi nous avons conjecturé que le tégument de plus petits théropodes, y compris *Eotyrannus* (ci-dessus), était aussi velu ou duveteux, quoique aucun fossile n'ait encore confirmé la chose.

semble fondée et plausible puisque nous savons que les restes de dinosaures dont l'existence a précédé l'origine du vol présentent de nombreux traits analogues à ceux des oiseaux — par exemple la clavicule (ou bréchet), les os creux des membres, et ainsi de suite. Par ailleurs, parce que l'on sait que la peau des bébés sauropodes était écailleuse ou coriace comme le cuir, nous n'avons pas vêtu ces bêtes de duvet de canard.

Du reste, nous ne nous sommes pas arrêtés aux plumes. Nous parlons de nombreux aspects de la vie des dinosaures au sujet desquels les preuves tangibles, s'il en est, sont minimales. Ainsi, nous avons imaginé le comportement amoureux de certains dinosaures et dépeignons le spectacle bruyant de mâles se pavanant devant un auditoire de femelles pleines de discernement sur une sorte de piste de danse appelée l'arène de parade. Nous avons conjecturé que *Scipionyx* était une institution réservée aux femelles, qui se reproduisaient par le biais de la parthénogénèse, processus dans lequel les mâles sont superflus. La vie de tous les animaux est axée sur le besoin de se reproduire, car tel est l'impératif de la sélection naturelle. La vie dans la nature est notoirement vilaine, brutale et courte; bien peu d'animaux meurent de vieillesse.

Si ces conjectures vous semblent tirées par les cheveux, elles ne le devraient pas, car chacun des traits soi-disant imaginaires que nous avons appliqués aux dinosaures existent, quelque part, dans le monde réel. Nombreux sont les oiseaux et les mammifères qui dansent dans l'arène de parade et se font une concurrence bruyante afin de s'accoupler. Plusieurs espèces modernes de reptiles et d'amphibiens sont parthénogènes.

LE CHOIX DES COULEURS

Sur la question de la couleur des dinosaures, les connaissances sont totalement absentes. Cela présente un problème évident pour l'artiste, mais on peut tirer des conclusions sur une palette plausible de couleurs comme on l'a fait au sujet de tous les autres traits biologiques dinosauriens, c'est-à-dire en les comparant aux animaux vivants. En règle générale, les animaux adoptent des motifs à rayures ou à taches leur permettant de se fondre dans le décor; les très gros animaux tendent à porter des livrées plus fades que celles des petits, et les animaux toxiques affichent souvent des couleurs très vives.

De nombreux artistes voient les dinosaures comme des mammifères géants et les peignent dans la palette relativement terne du Serengeti, embellie de quelques taches ou rayures d'occasion, mais cette approche fait peu de cas de leur filiation avienne. Si, comme cela semble s'avérer, de nombreux dinosaures ont partagé avec les oiseaux des traits anatomiques et certains aspects du comportement, nous pensons qu'il convient de leur prêter les couleurs vives qu'arborent de nombreux oiseaux. Nos dinosaures sont sans doute plus guillerets et plus colorés que certains aperçus dans d'autres ouvrages illustrés. Et pourtant, nous maintenons que leurs couleurs hardies n'excèdent en rien les frontières de la plausibilité scientifique. Contrairement à la plupart des mammifères, nombre d'oiseaux et de reptiles distinguent les couleurs, si bien qu'il semble raisonnable de présumer que les dinosaures auraient réagi devant les teintes colorées de leurs semblables.

Cet exercice soutenu d'imagination ne doit pas occulter les nombreuses et étonnantes caractéristiques dont nous parons les dinosaures et qui sont

À GAUCHE Si, comme cela semble probable, les dinosaures tels que *Caudipteryx* voyaient le monde en couleurs, nous pouvons conjecturer qu'à l'instar des oiseaux modernes (médaillon), ils auraient exploité cette faculté et développé un plumage aux couleurs hardies servant à la parade ou à l'intimidation.

des faits acquis. Outre l'existence de plumes chez bon nombre de dinosaures théropodes, on compte parmi les phénomènes uniques en leur genre les piquants de porc-épic *Psittacosaurus* (leur morsure venimeuse, par contre, est de notre invention), les griffes gigantesques des thérizinosaures et les étranges piliers servant de membres à *Shuvuuia*. La gamme remarquable de tailles chez les dinosaures, du plus minuscule *Microraptor* à l'énorme *Argentinosaurus*, suscite la curiosité à l'égard de ces animaux et du monde dans lequel ils ont vécu. Les traits mêmes qui ont fait des dinosaures l'objet d'un intérêt si soutenu sont, pour la plupart, des faits scientifiquement documentés.

IMAGINER LA RÉALITÉ

Rebâtir la vie des dinosaures à partir de restes fragmentaires est une chose, mais nous avons aussi inventé quelques espèces, des microbes aux vers parasites, des mouches minuscules aux immenses crocodiles, afin de partager le monde des dinosaures. Comment pouvons-nous justifier l'invention d'espèces entières à partir de rien du tout? La réponse est d'une simplicité désarmante. Le processus de la fossilisation est tellement incertain qu'on ne pourra jamais en savoir bien long sur les animaux et les plantes qui se sont autrefois partagé la planète. Selon une estimation récente, pas plus de 7 % de toutes les espèces de primates ayant jamais existé ont été trouvés sous forme de fossile; on peut donc présumer que des proportions du même ordre s'appliquent aussi à d'autres animaux. Même les dinosaures qui nous sont familiers ne sont connus que d'après une poignée de spécimens — dans certains cas, un seul. Selon ce raisonnement, il est certain que la plupart des créatures ayant jamais vécu n'ont laissé aucune trace. Cela s'applique en particulier aux organismes à corps mou, notamment aux parasites. Mais les parasites sont omniprésents dans le monde moderne.

CI-DESSUS On imagine sans peine *Tyrannosaurus* bénéficiant des bons soins d'une sorte de pique-bœuf.

La plupart des animaux contemporains sont infestés d'une panoplie de parasites et de maladies, dont certains, en fait, sont vitaux au bien-être de l'espèce. En tant qu'êtres humains nous aurions du mal à vivre sans les bactéries qui habitent nos viscères mais, pour autant que nous le sachions, aucune bactérie semblable n'accompagnait le fossile de, disons, l'homme de Néanderthal. Nous pouvons néanmoins présumer, sans crainte d'erreur, que les parasites nous accompagnent depuis l'aube de la vie. Le fait qu'ils n'ont laissé à peu près aucune trace ne signifie pas qu'ils n'existaient pas. À vrai dire, imaginer la biologie des dinosaures sans parasites porterait atteinte à l'authenticité. Là où vécut *Triceratops* vécurent aussi une nuée de vers, de bactéries et de virus qui profitaient spécifiquement de son existence, mais qui n'ont pas laissé la moindre trace.

Autrement dit, la vie et l'époque que nous avons imaginées pour nos dinosaures sont en quelque sorte la «réalité», comme l'exigent les conventions de la fiction. De telles conjectures semblent essentielles à la transposition du monde des dinosaures en une expérience que le lecteur vivra sur le plan des émotions. Nos dinosaures sont autre chose que des spécimens — vous entendrez leurs grognements, vous humerez leur haleine fétide et vous admirerez le chatoiement iridescent de leur plumage de parade. Vous sentirez dans la nuque la chaleur du soleil au Jurassique et transpirerez dans la torpeur d'une jungle du Trias. Vous serez, nous en sommes convaincus, tout aussi ébahis que nous l'avons été lorsque au sortir d'un coude, sur une rivière de la forêt du Crétacé moyen, nous avons aperçu dans la lumière d'un rayon de soleil pénétrant le haut couvert forestier les premières fleurs à jamais s'épanouir sur Terre.

DINOSAURES ET DÉCOUVERTES

La «dinomanie» n'est pas née avec le film *Le parc jurassique*, le phénomène remonte à la découverte des dinosaures. Depuis l'Antiquité, les os de dinosaures et autres fossiles mis au jour ont été considérés soit comme l'œuvre du diable, soit comme les restes d'animaux (ou même de géants humains) ayant péri dans le déluge de Noé. On ne savait alors rien de l'ancienneté de la Terre, et nul n'imaginait que des créatures aient pu exister avant de disparaître complètement. À la fin du XVIIIe siècle, le savant français Georges Cuvier (1769-1832) propose le concept de l'extinction et ouvre ainsi la voie à l'appréciation du passé lointain et enfui de la Terre. Depuis lors, les os découverts ne sont plus assignés au royaume de la mythologie ou du folklore.

Le statut des dinosaures comme groupe distinct depuis longtemps disparu ne remonte qu'à 1842, lorsque Richard Owen (1804-1892), grand anatomiste de l'ère victorienne, invente le nom *Dinosauria*. Ayant examiné les restes fragmentaires de trois sortes de reptiles éteints — *Iguanodon*, *Hylaeosaurus* et *Megalosaurus* — qu'on venait tout juste

CI-DESSUS George Cuvier est un pionnier de la géologie qui a défendu une idée radicale : l'extinction.

de trouver en Angleterre, Owen constate que ces créatures ne sont pas simplement des reptiles grand format, comme on l'avait cru d'abord. Ils diffèrent aussi des ichtyosaures et des plésiosaures marins découverts dans les roches du Lias (ou Jurassique inférieur) sur la côte sud de l'Angleterre. Owen conclut que ces reptiles terrestres appartiennent à un type d'animal tout autre, reptilien dans sa forme fondamentale, mais d'une plus grande magnificence et possédant plus de verve que les oiseaux, plus de vigueur que les mammifères, mais moins de l'indolence d'un serpent ou d'un lézard. Il les nomme *Dinosauria*, «lézards terribles».

LES COLLECTIONNEURS

L'âge d'or de la découverte de dinosaures se déroule aux États-Unis vers la fin du XIXe siècle, au cours de la conquête légendaire de l'Ouest. La paléontologie a alors l'équivalent de Wyatt Earp et de Doc Holliday : deux rivaux se disputent le titre du plus prolifique descripteur de nouveaux dinosaures émergeant des contrées sauvages du Colorado et du Wyoming. Ce sont Edward Drinker Cope, de Harvard (1840-1897), enfant prodige à l'amour-propre démesuré, et Othniel Charles Marsh (1831-1899), moins précoce mais assez adroit pour exploiter l'indulgence d'un oncle riche. Marsh le persuadera d'établir un musée du dinosaure à Yale et de lui en confier la direction. La plupart des dinosaures qui nous sont familiers résultent de la concurrence soutenue entre Cope et Marsh afin de récolter les os les plus formidables de l'Ouest. Ni l'un ni l'autre ne se salissent les mains très souvent : ils embauchent plutôt les meilleurs chasseurs de roches de l'époque, ceux dont les noms sont passés aux annales de la paléontologie, par exemple Charles Sternberg (1850-1943) qui a travaillé sans répit pour le compte de Cope.

Tandis que ces diplômés élégants se tapent dessus à qui mieux mieux, la concurrence se fait encore plus serrée avec l'entrée en scène du Muséum américain d'histoire naturelle. Sous la direction éclairée et parfois excentrique du paléontologue Henry Fairfield Osborn (1857-1935), la quête de nouveaux dinosaures sous l'égide du Musée élargit ses horizons. Osborn est convaincu que l'espèce humaine tire ses origines des déserts perdus d'Asie centrale et y dépêche la fameuse expédition dirigée par Roy Chapman Andrews (1884-1960), l'un des plus célèbres chasseurs de fossiles de tous les temps qui a inspiré la création du héros cinématographique Indiana Jones. Dans le désert de Gobi, Andrews et son équipe trouvent des œufs et des nids de dinosaures, ainsi que les restes de créatures telles que *Protoceratops*. Pendant des décennies, l'expansion de la sphère soviétique en Mongolie fait obstacle au travail des équipes occidentales dans cette partie du globe où des groupes consciencieux de chercheurs soviétiques et polonais progressent sans interruptions. Mais lorsque le bloc soviétique commence à s'effondrer à la fin des années 1980 et au début des années 1990, le gouvernement de Mongolie envoie une délégation au

CI-DESSUS Othniel Charles Marsh a enseigné l'histoire naturelle à Yale et fut l'un des grands pionniers de la paléontologie. Il a décrit 19 genres de dinosaures.

Muséum américain d'histoire naturelle pour le prier de reprendre les travaux là où Andrews s'est arrêté. Depuis plus d'une décennie, le Musée envoie donc chaque année des équipes en Mongolie et y a fait des découvertes remarquables, entre autres, l'étrange dinosaure *Shuvuuia* et le fossile préservé d'une femelle *Oviraptor* assise sur son nid afin de protéger ses œufs d'une tempête de sable.

UN MONDE DE DINOSAURES

Depuis quelque temps, les feux de l'actualité ont quitté la Mongolie pour se braquer sur la Chine, qui a livré une série fossile spectaculaire dont le sauropode à long cou *Mamenchisaurus*, entre autres formes remarquables. La province de Liaoning, dans le nord-est du pays, a retenu le gros de l'attention et livré une abondance de fossiles d'une qualité exceptionnelle. Ce qui les caractérise au premier chef est que beaucoup d'entre eux ont conservé des tissus mous, outre les os et les dents. Des milliers de spécimens de l'oiseau *Confuciusornis* ont été mis au jour, bon nombre avec leur plumage intact. On a retrouvé dans le gosier de l'oiseau *Jeholornis* des graines entières. Plusieurs sortes de mammifères primitifs ont conservé tous leurs attributs, y compris leur livrée pelucheuse. Mais les fossiles qui ont défrayé la manchette sont les théropodes à plumes ou à duvet comme *Caudipteryx*, *Microraptor* et *Beipiaosaurus*. Certains d'entre eux apparaissent dans ce livre, car ces découvertes ont modifié nos vues sur les dinosaures, sur leur vie et sur leur monde.

Dans la collecte de ces nouvelles connaissances, les paléontologues n'ont pas confiné leurs activités à la Chine et à la Mongolie, tout passionnants que soient ces pays. Nombre des découvertes récentes et remarquables ont été réalisées dans de vastes régions, notamment le sud de l'Amérique du Sud (*Eoraptor*, *Herrerasaurus*, *Giganotosaurus*, *Argentinosaurus*), à Madagascar (entre autres, *Masiakasaurus*, *Rapetosaurus*), en Asie du Sud-Est (*Isanosaurus*), en Afrique du Nord (*Spinosaurus*, *Carcharodontosaurus*, *Suchomimus*), en Australie (*Minmi*, *Muttaburrasaurus*) et même dans l'Antarctique (*Cryolophosaurus*). Il se peut aussi que vous n'ayez pas à voyager bien loin de votre foyer pour découvrir des dinosaures ; ainsi, *Baryonyx*, bizarre théropode mangeur de poissons, a été découvert au Royaume-Uni par un homme qui promenait son chien.

L'IMPROBABLE FOSSILE

Tout populaires soient-ils, les dinosaures demeurent plutôt rares. Les fossiles se forment lorsque les restes de créatures vivantes se trouvent ensevelis dans le sable ou la boue et sont imprégnés de minéraux que laisse filtrer la nappe phréatique. Les corps — surtout leurs parties dures, telles les coquilles ou les dents — se pétrifient littéralement. La

CI-DESSOUS Scène du Crétacé inférieur dans la province de Liaoning (nord-est de la Chine). Au premier plan, deux *Sinosauropteryx* curieux (à droite) s'approchent d'une paire de *Psittacosaurus*. Derrière eux, les thérizinosaures *Beipiaosaurus* broutent dans les arbres, à la recherche d'insectes, tandis qu'à droite, deux mâles *Cryptovolans* étalent leur plumage pour affirmer la domination de l'un sur l'autre. La scène est observée par une paire de *Confuciusornis* perchés sur une branche.

À GAUCHE Le processus de la fossilisation semble si arbitraire qu'on s'étonne qu'il se soit jamais produit. L'enchaînement suivant illustre comment un fossile pourrait se créer. Une paire d'*Allosaurus* se nourrit d'une carcasse de *Stegosaurus*, qui a succombé à une blessure infectée. Pendant un certain nombre de jours, des vagues successives de charognards dénudent davantage le squelette.

fossilisation survient le plus aisément dans la mer, où le fond marin reçoit une pluie de carcasses d'animaux et de plantes, notamment les plantes microscopiques. Il arrive qu'on trouve plus de fossiles que de roches dans les fonds océaniques. La craie qui caractérise si bien le Crétacé supérieur — qu'on pense ici à la craie de Niobrara au Texas ou aux célèbres falaises crayeuses de Douvres dans le Sud de l'Angleterre — consiste entièrement en restes d'organismes marins microscopiques. Ceux-ci se sont accumulés en une couche énormément épaisse de sédiments sur le fond de l'océan. En fait, le Crétacé dans son ensemble tire son nom du latin *creta*, qui signifie « craie ». Pratiquement tous les fossiles dans la collection d'un chasseur de roches amateur seront composés d'organismes marins, qu'il s'agisse de trilobites, de brachiopodes, d'ammonites, de bélemnites ou de simples coquillages. On trouvera peut-être un ou deux poissons, et parfois une vertèbre de la taille d'une soucoupe provenant d'un reptile marin, par exemple un ichtyosaure. Mais rares sont les gens qui ont la chance de trouver quelque vestige de dinosaure.

Le phénomène de fossilisation terrestre est encore plus aléatoire. Dans bien des cas, un animal sera tué par un autre qui veut le dévorer. La plupart des parties du corps sont digérées. Le résultat tangible de ce processus se manifeste à l'occasion : il existe, par exemple, un spécimen de paléo-crotte attribué à *Tyrannosaurus rex* riche en substance osseuse. Les restants du repas du tueur, négligés par les charognards opportunistes venant à sa suite, sont passés à tabac par des escadres de taille progressivement décroissante, à partir des insectes jusqu'aux bactéries. Dans presque tous les cas, le corps d'un animal mort sera complètement recyclé et ne laissera aucune trace pour la postérité. (Les dents sont la principale exception à cette règle, parce qu'elles sont recouvertes d'une couche d'émail, la substance la plus dure que produisent des organismes vivants. La plupart des fossiles de vertébrés terrestres, en particulier ceux de reptiles et de mammifères, sont des dents.) Pour avoir la moindre chance de se fossiliser, la carcasse doit être ensevelie presque aussitôt que meurt son propriétaire afin de pouvoir reposer en paix plutôt que de pourrir en pièces.

Cela peut se produire de diverses manières. Dans certaines occasions, le corps sera emporté dans un lac, par exemple sous l'effet d'une crue subite, et se déposera dans la vase du fond. Parfois, cette vase sera stagnante, donc libre d'oxygène et, de ce fait, des bactéries qui se nourrissent d'oxygène et entraînent la pourriture. Dans ces rares cas, nombre des tissus mous sont conservés en plus des os. Les fossiles s'approchant le plus de la perfection — entièrement conservés, y compris les plumes et des traces du dernier repas dans l'estomac — se trouvent dans les roches sédimentaires et les schistes argileux qui composèrent un jour le fond boueux d'un plan d'eau stagnante. Plus communément, une carcasse sera emportée dans le cours d'une rivière.

CI-DESSUS Une crue subite engloutit l'animal avant que tous les tissus mous aient été dévorés par les charognards ou les bactéries. Des pluies torrentielles apportent la boue, qui recouvre bientôt la carcasse, ce qui prévient une désintégration plus poussée du squelette. Des couches successives de sédiments ensevelissent l'animal, dont le squelette articulé, pattes du devant en moins, est conservé *in situ*.

Tandis qu'elle flotte à la surface, elle pourrit et se gonfle comme un ballon des sous-produits gazeux générés par l'activité des bactéries. Au détour d'un coude, le contre-courant arrête le mouvement de la carcasse qui s'enfonce dans un banc de sable. Le cadavre finit par tomber en pièces détachées, éparpillant ses os sur le lit de la rivière. Les fossiles qui abondent dans les grès et roches sédimentaires ont peut-être été mis en forme dans ce type de piège à os que sont les coudes d'une rivière. Dans de très rares cas, un glissement boueux ou même une tempête de sable enterre l'animal vivant; ce fut le destin de la femelle *Oviraptor* déjà mentionnée. Il y a d'autres recettes : certains fossiles ont été gelés dans les glaces, marinés dans des eaux saumâtres, piégés dans l'asphalte naturel ou même immolés, à la mode de Pompéi, dans la cendre volcanique.

Tous ces événements ont un dénominateur commun : leur rareté. La probabilité qu'un animal quelconque se fossilise est infiniment mince, et tous les dinosaures mis au jour sont vraiment précieux. Cette rareté a une conséquence importante : elle signifie que la diversité des formes connues de dinosaures ne représente qu'une infime fraction de ce qui a dû exister. Cette constatation a déjà suscité une réévaluation de l'image que nous entretenons des dinosaures en tant que bêtes invariablement énormes et mal dégrossies. Les gros os se trouvent plus aisément que les petits et, une fois installé au musée, les grands squelettes sont si spectaculaires qu'ils plantent leurs griffes dans notre imagination et retiennent l'attention des médias. L'image incomplète et inexacte de la vie des dinosaures se forme ainsi dans l'esprit du public, d'où l'on aura du mal à la déloger. Or, la réalité est passablement différente.

Plus les scientifiques poussent leurs recherches, plus ils trouvent de petits dinosaures. Nombre d'entre eux apparaissent dans ce livre. Les petits dinosaures les plus passionnants sont les oiseaux, bien entendu, et leurs proches parents au sein des théropodes. Ces créatures hautement évoluées sont le produit d'une longue histoire dinosaurienne. Nous ne serions nullement étonnés d'apprendre que la plupart des dinosaures de moins de deux mètres ont été des animaux à sang chaud, bien isolés par une livrée fibreuse ou duveteuse. Peluche et sang chaud pourraient bien s'avérer des caractéristiques extrêmement anciennes, présentes chez l'ancêtre commun au dinosaure et au ptérosaure, lequel était vraisemblablement un animal plutôt petit, à l'exemple des dinosaures primitifs et de la plupart des ptérosaures.

LES TEMPS PROFONDS

Non seulement les fossiles sont très rares, mais ils sont aussi les vestiges de périodes historiques de la Terre auxquelles nous n'avons aucun accès véritable en raison de leur magnitude. L'être humain mesure sa vie en jours et en semaines — tout au plus en quelques décennies — et pourtant, les paléontologues parlent de millions d'années, une notion incompréhensible, sauf sous la forme de l'abstraction aride des mathématiques. John McPhee a créé l'expression *Deep Time*, que nous rendrons ici par «les temps profonds» pour décrire des abîmes temporels d'une pareille immensité.

Les dinosaures ont vécu au Mésozoïque, il y a de 245 à 65 millions d'années. Cette ère est répartie en trois périodes plus courtes, encore que fort longues. La première est le Trias, qui s'est déroulé il y a de 245 à 208 millions d'années. La deuxième, le Jurassique (de 208 à 146 millions

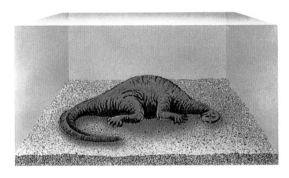

1. La carcasse d'un sauropode repose au fond d'un lac. Les sédiments commencent à se déposer sur la forme, la protégeant davantage de l'érosion.

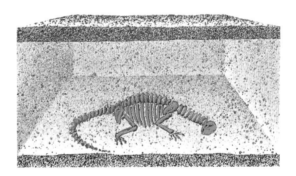

3. Les os, désormais enfouis sous des couches de sédiments, sont assujettis aux changements dans les roches : le tissu osseux est remplacé, un cristal à la fois, par d'autres minéraux durs.

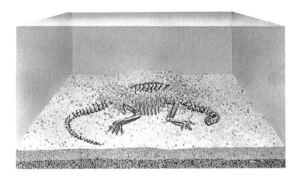

2. Les couches de sédiments s'accumulent, couvrant complètement les os. Après bien des années, le lac se draine.

4. Avec le temps, les roches s'inclinent parfois sous la poussée de la croûte terrestre, révélant ainsi d'anciens sédiments et les fossiles qu'ils contiennent.

d'années) a été l'âge d'or du dinosaure, en particulier des sauropodes géants. Le Crétacé, période subséquente, de 146 à 65 millions d'années, a connu la plus grande diversité de dinosaures et a pris fin avec leur extinction soudaine. Aussi longue fût-elle, l'ère du Mésozoïque tout entière n'a été qu'un court intervalle dans l'histoire de la Terre. On pense que la Terre s'est formée il y a 4500 millions d'années. Les premières créatures (plantes et animaux) assez grosses pour qu'on puisse les distinguer à l'œil nu ont évolué il y a 600 millions d'années, alors que les neuf dixièmes de l'histoire terrestre avaient déjà suivi leur cours. Il y a de 600 à 500 millions d'années, une évolution explosive s'est produite et a donné naissance à la plupart des formes de la vie animale moderne, y compris les premiers vertébrés. Des animaux et des plantes ont tenté les premières incursions terrestres, il y a 400 millions d'années, ces espèces comprenant les premiers amphibiens, apparus il y a 360 millions d'années. Après la mort des dinosaures, le rôle du carnivore bipède, géant et féroce que *T. rex* avait occupé, est repris par des oiseaux coureurs, gigantesques ancêtres de la grue moderne. Par bonheur, leur règne est

Formation de la Terre

MA = millions d'années

4500 MA

Refroidissement de la surface de
la Terre jusque-là en fusion

Formation des premières roches

4000 MA

bref et ouvre
la voie à l'épanouis-
sement d'une pléthore de
mammifères qui s'est poursuivi
jusqu'aux temps relativement récents.
Le reste est une histoire connue.

Atmosphère primitive

3500 MA

Apparition des premières bactéries

UNE CLASSE À EUX

Classer ou imposer un ordre quelconque au désordre de la nature est un désir inné de l'être humain depuis qu'Adam a été exhorté à nommer les bêtes au jardin d'Éden. La première classification des dinosaures précède, bien entendu, la théorie de l'évolution. Les dinosaures sont alors classés parmi les reptiles et, au début, on applique à tout grand reptile terrestre du Mésozoïque l'appellation «dinosaure» inventée par Owen. Au cours de la décennie 1860 dans la foulée de l'évolution, l'ami de Darwin, Thomas Henry Huxley (1825-1895) remarque à quel point les dinosaures ressemblent aux oiseaux. Il imagine un nouvel ordre reptilien, les ornithoscélidés, comportant deux sous-ordres : les dinosaures (*Iguanodon* et sa parenté, les carnivores tels que *Megalosaurus*, et les dinosaures cuirassés tels que *Scelidosaurus*) et les compsognathes (pour *Compsognathus* et d'autres petites formes ressemblant aux oiseaux).

Dans le schéma moderne, les dinosaures appartiennent au grand groupe de reptiles appelé archosaures (reptiles régnants) qui comprend les crocodiles et certaines formes éteintes comme les ptérosaures volants. D'autres reptiles, notamment les tortues, lézards et serpents, n'appartiennent pas à la classe des archosaures. Le sous-ordre des dinosaures est lui-même réparti en deux grands groupes qui se distinguent par la forme des os pelviens, soit les ornithischiens (à bassin d'oiseau) et les saurischiens (à bassin de lézard).

Les ornithischiens comprennent des dinosaures herbivores, notamment les ornithopodes (*Iguanodon* et sa parenté) ainsi que leurs ramifications du Crétacé, les hadrosaures, les cératopsiens tels que

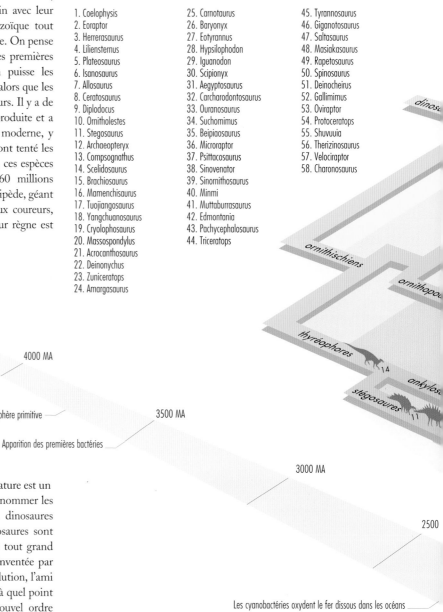

CLEF DES DINOSAURES

1. Coelophysis
2. Eoraptor
3. Herrerasaurus
4. Liliensternus
5. Plateosaurus
6. Isanosaurus
7. Allosaurus
8. Ceratosaurus
9. Diplodocus
10. Ornitholestes
11. Stegosaurus
12. Archaeopteryx
13. Compsognathus
14. Scelidosaurus
15. Brachiosaurus
16. Mamenchisaurus
17. Tuojiangosaurus
18. Yangchuanosaurus
19. Cryolophosaurus
20. Massospondylus
21. Acrocanthosaurus
22. Deinonychus
23. Zuniceratops
24. Amargasaurus

25. Carnotaurus
26. Baryonyx
27. Eotyrannus
28. Hypsilophodon
29. Iguanodon
30. Scipionyx
31. Aegyptosaurus
32. Carcharodontosaurus
33. Ouranosaurus
34. Suchomimus
35. Beipiaosaurus
36. Microraptor
37. Psittacosaurus
38. Sinovenator
39. Sinornithosaurus
40. Minmi
41. Muttaburrasaurus
42. Edmontonia
43. Pachycephalosaurus
44. Triceratops

45. Tyrannosaurus
46. Giganotosaurus
47. Saltasaurus
48. Masiakasaurus
49. Rapetosaurus
50. Spinosaurus
51. Deinocheirus
52. Gallimimus
53. Oviraptor
54. Protoceratops
55. Shuvuuia
56. Therizinosaurus
57. Velociraptor
58. Charonosaurus

3000 MA

2500

Les cyanobactéries oxydent le fer dissous dans les océans

Triceratops, et les dinosaures cuirassés ou thyréophores, y compris les stégosaures, les ankylosaures et leurs proches parents.

Les saurischiens comprennent les sauropodes géants tels *Brachiosaurus* et *Diplodocus*, ainsi que les théropodes, cette vaste panoplie de dinosaures pour la plupart carnivores qui va du minuscule *Microraptor* à l'énorme *Tyrannosaurus*, en passant par toutes sortes de créatures merveilleuses tel le mystérieux *Deinocheirus* ou l'étrange *Therizinosaurus*. Figurent au nombre des théropodes tous les dinosaures dont on sait qu'ils portaient des plumes, y compris, naturellement, les oiseaux eux-mêmes. Étant donné qu'ils ont eu la part du lion dans les découvertes de dinosaures les plus passionnantes de ces dernières années, nous n'allons pas présenter nos excuses pour ce qui pourrait sembler une couverture disproportionnée des théropodes dans ces pages.

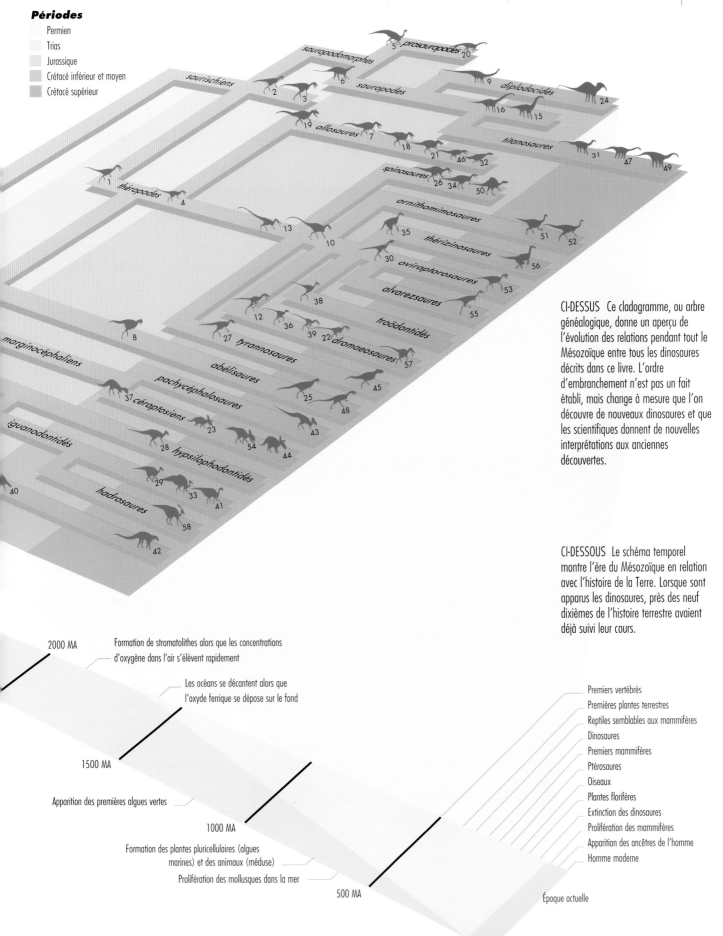

Périodes
- Permien
- Trias
- Jurassique
- Crétacé inférieur et moyen
- Crétacé supérieur

prosauropodes 20

saurischiens

sauropodomorphes

sauropodes

diplodocidés

théropodes

allosaures

titanosaures

spinosaures

ornithomimosaures

thérizinosaures

oviraptorosaures

alvarezsaures

troödontidés

tyrannosaures

dromaeosaures

marginocéphaliens

abélisaures

pachycéphalosaures

céraptosiens

iguanodontidés

hypsilophodontidés

hadrosaures

CI-DESSUS Ce cladogramme, ou arbre généalogique, donne un aperçu de l'évolution des relations pendant tout le Mésozoïque entre tous les dinosaures décrits dans ce livre. L'ordre d'embranchement n'est pas un fait établi, mais change à mesure que l'on découvre de nouveaux dinosaures et que les scientifiques donnent de nouvelles interprétations aux anciennes découvertes.

CI-DESSOUS Le schéma temporel montre l'ère du Mésozoïque en relation avec l'histoire de la Terre. Lorsque sont apparus les dinosaures, près des neuf dixièmes de l'histoire terrestre avaient déjà suivi leur cours.

2000 MA

Formation de stromatolithes alors que les concentrations d'oxygène dans l'air s'élèvent rapidement

Les océans se décantent alors que l'oxyde ferrique se dépose sur le fond

1500 MA

Apparition des premières algues vertes

1000 MA

Formation des plantes pluricellulaires (algues marines) et des animaux (méduse)

Prolifération des mollusques dans la mer

500 MA

Premiers vertébrés

Premières plantes terrestres

Reptiles semblables aux mammifères

Dinosaures

Premiers mammifères

Ptérosaures

Oiseaux

Plantes florifères

Extinction des dinosaures

Prolifération des mammifères

Apparition des ancêtres de l'homme

Homme moderne

Époque actuelle

Nous adoptons dans ce livre la convention étonnamment moderne voulant qu'aucun dinosaure ne soit considéré comme l'ancêtre d'un autre. Ainsi, les prosauropodes sont habituellement considérés comme plus primitifs que les sauropodes dont ils sont les prédécesseurs, mais cela ne signifie pas qu'ils en sont les ancêtres. On peut dire, au mieux, qu'ils étaient cousins.

Pour mieux tenir compte des temps profonds, les paléontologues tendent à dresser des classifications d'après un schéma dans lequel tous les animaux sont considérés comme des cousins plus ou moins proches, sans égard à la période à laquelle ils ont vécu et sans présumer de leurs liens de filiation. C'est ce qu'on appelle la cladistique.

DINOSAURES ET OISEAUX

Le débat de longue date au sujet de la relation entre les oiseaux et les dinosaures concerne moins les fossiles que notre manière de les aborder. Depuis l'époque de Thomas Huxley, on sait que les dinosaures et les oiseaux ont beaucoup en commun. Les paléontologues ont été heureux de considérer les oiseaux comme des archosaures en général, voire comme des proches parents de groupes particuliers de dinosaures au sein des archosaures. Les problèmes comme l'attribution de l'origine du vol à un groupe ou à l'autre étaient des préoccupations accessoires. Après tout, la forme de l'anatomie semblait suffisamment claire et le fait de déterminer si les dinosaures pouvaient voler ou pas n'avait qu'une importance secondaire.

Plus récemment, des ornithologues ont contesté cette opinion en disant que l'origine des oiseaux est intimement associée à celle de l'aptitude à voler. Autrement dit, les oiseaux furent d'abord de petites créatures ressemblant à des lézards qui vivaient dans les arbres et qui ont progressivement adopté l'habitude de se déplacer dans les airs pour finalement se transformer en oiseaux. Selon ces scientifiques, les dinosaures n'ont pas «pu être les ancêtres des oiseaux parce que c'étaient des bipèdes terrestres plutôt que de petits quadrupèdes vivant dans les arbres. Le plus primitif des oiseaux que nous connaissons (*Archaeopteryx*) a vécu des millions d'années avant les théropodes, tenus pour les plus proches parents des oiseaux. En outre, certains détails de l'anatomie de la main chez les oiseaux diffèrent tellement de caractéristiques équivalentes chez les dinosaures que les uns ne sauraient découler des autres.

La première objection est facilement réfutable, car on ne peut déterminer le bien-fondé d'une théorie scientifique sur la foi d'une affirmation impossible à vérifier quant à ce qui peut s'être passé ou pas dans les temps profonds. La deuxième est tout aussi aisée à contrer en raison de l'inconnaissable inachèvement des archives paléontologiques. *Archaeopteryx* demeure le plus ancien des oiseaux connus. Il a vécu à la fin du Jurassique, il y a 150 millions d'années, donc près de 20 millions d'années avant les nombreuses formes aviennes de dinosaures découvertes dans le Crétacé inférieur de Chine (de 145 à 125 millions d'années). Le fait n'est pas un argument à l'encontre d'une étroite parenté; tout ce qu'il signifie c'est que l'origine des oiseaux peut remonter bien loin dans le Jurassique. Étant donné le caractère inachevé des archives paléontologiques, cela n'a rien

d'étonnant. Après tout, une forme archaïque de poisson, le coelacanthe, a été trouvée vivante et florissante pas moins de 80 millions d'années après son extinction présumée. Voilà qui est à peu près aussi vraisemblable que de rencontrer aujourd'hui, au cours d'une promenade en Mongolie, une harde de *Velociraptor* bien dentés s'avançant vers vous en batifolant.

La troisième objection repose sur l'anatomie de la main chez l'oiseau et le dinosaure. Elle est plus sérieuse. Les reptiles, comme la plupart des vertébrés terrestres, étaient pourvus d'une main à cinq doigts au début de leur existence. La main des dinosaures primitifs compte aussi cinq doigts, mais chez de nombreux théropodes, y compris ceux que l'on considère comme proches parents des oiseaux, ce modèle est réduit à trois. Tout porte à croire que chez ces théropodes, les trois doigts en question sont le pouce, l'index et le majeur. En langage technique, on dit que les dinosaures ont conservé les doigts I, II et III de la main originale. Chez les oiseaux modernes, la main, extrêmement réduite et modifiée, s'est intégrée à l'aile, mais semble toujours dessinée sur le modèle à trois doigts. Toutefois, des études sur le développement de la main chez les embryons aviens indiquent que les doigts des oiseaux correspondent à l'index, au majeur et à l'auriculaire, autrement dit, aux doigts II, III et IV. La question demeure irrésolue et pose un problème aux partisans d'une relation étroite entre dinosaures et oiseaux. Par

CI-DESSUS Ce fossile, encore sans nom, du Crétacé inférieur de la province de Liaoning, en Chine, montre clairement le tégument duveteux couvrant ce petit théropode et offre la preuve la plus évidente possible de la relation entre les dinosaures et les oiseaux. PAGE DE GAUCHE Le «voleur à duvet» tenant sa proie, l'oiseau primitif *Confuciusornis*, représenté par Luis Rey.

À GAUCHE Petit reptile du Permien qui grimpait aux arbres.

CI-CONTRE Certains reptiles du Trias montrent les adaptations requises pour courir, grimper et planer. Certains auraient pu être les ancêtres des dinosaures et des oiseaux.

DU REPTILE PRIMITIF À L'OISEAU

... en onze étapes faciles. L'une des nombreuses possibilités — purement conjecturale — illustrant l'évolution des oiseaux (d'après une idée originale de George Olshevsky, adaptée par Luis Rey).

CI-DESSOUS Ancêtre commun aux dinosaures et aux oiseaux, cette forme du Trias est pourvue de plumes calorifuges et de franges à la queue et aux avant-bras.

À GAUCHE Ancêtre de la taille d'un oiseau, commun à Ceratosaurus et aux oiseaux. Le cinquième doigt a disparu, et le quatrième est vestigial.

CI-CONTRE
Dromaeosaure ancestral. Il a trois griffes, une sorte d'aile articulée et une queue droite frangée de plumes.

À DROITE
Archaeopteryx, le plus ancien des oiseaux connus.

CI-DESSOUS Ancêtre commun à Allosaurus, aux théropodes évolués et aux oiseaux. Il a trois doigts et est couvert de protoplumes.

CI-DESSOUS À DROITE Ichthyornis, oiseau primitif dit moderne. Les doigts ont fusionné et ont perdu leurs griffes, et les dents sont encore présentes dans la mâchoire.
CI-DESSOUS À GAUCHE Iberomesornis appartenait à un groupe d'oiseaux aptes au vol, les énanthiornithinés, qui ne sont pas apparentés aux oiseaux modernes.

CI-DESSUS
Le pygargue à tête blanche — oiseau moderne pleinement évolué.

À GAUCHE Scène du Crétacé inférieur de Chine : une paire de dinosaures perchés, *Epidendrosaurus* (à gauche), extirpent les vers d'une écorce d'arbre à l'aide du troisième doigt extrêmement allongé, pendant qu'un vol de *Microraptor* (à droite) s'élancent sous le couvert forestier à l'aide de leurs quatre « ailes ».

ailleurs, les travaux embryologiques sur lesquels repose cet argument admettent une certaine interprétation : lorsqu'on examine un pâté de cartilage d'embryon au microscope, il est très difficile d'affirmer avec certitude qu'il représente le germe de ce doigt-ci et non de ce doigt-là. Il est également possible que l'identité des doigts change au cours de leur développement, de sorte que ce qui semble être le doigt I dans l'embryon peut se révéler le doigt II à l'âge adulte. Bien entendu, nous ne disposons pas d'embryons dinosauriens pour établir la comparaison.

Néanmoins, un paléontologue saura énumérer bon nombre de caractéristiques communes aux oiseaux et aux dinosaures et arguer que leur poids l'emporte sur ce seul point controversé. Parmi ces caractéristiques figurent la présence d'une clavicule soudée, appelée le « bréchet », la tendance à posséder des os creux (qui, chez les oiseaux, soutiennent la fonction pulmonaire), la tendance de certains os de la jambe à se souder et de ceux du cerveau, à se redessiner d'une manière particulière. De grandes similarités existent aussi entre les os et les articulations du poignet ; apparemment, certains dinosaures repliaient leurs bras de côté comme les oiseaux rabattent leurs ailes. Les paléontologues pensent que le poids de la preuve favorise largement une filiation commune aux oiseaux et aux dinosaures ; les ornithologues, pour leur part, attribuent cela à la convergence, un phénomène selon lequel les caractéristiques de groupes étrangers en viennent à se ressembler.

Ce débat est déjà bien engagé quand des chercheurs chinois annoncent, à la fin des années 1990, la découverte de plusieurs sortes de dinosaures à plumes. Aux yeux du paléontologue, la présence d'un plumage n'est qu'un point supplémentaire à ajouter à la longue liste des similarités entre oiseaux et dinosaures. Tant et si bien que de nombreux paléontologues (sans compter des artistes, tel Luis V. Rey) se demandent si on trouvera un jour des plumes de dinosaures. C'est effectivement ce qui se produit, et la découverte porte un rude coup aux ornithologues. La présence de plumes est considérée comme iconique : de nos jours, seuls les oiseaux — et tous les oiseaux — portent des plumes, lesquelles sont le signe définitif de l'évolution du vol chez l'oiseau. D'après ce raisonnement, les plumes représentent l'évolution indissoluble des oiseaux et du vol. Rien de cela, cependant, n'oblige à conclure que les plumes n'ont pas pu se développer chez d'autres animaux, peut-être même au sein du groupe plus vaste qui est à l'origine de l'évolution avienne. L'argument massue est que la plupart des dinosaures à plumes semblent avoir été aussi aptes au vol qu'un bloc de ciment. Les plumes ont donc précédé l'origine du vol. Pour contester la véracité de ces conclusions, les ornithologues ont fait des efforts soutenus, mais vains, afin de découvrir des fossiles de reptiles non dinosauriens portant quelque trace de plumes. Un à-côté intéressant de la question est l'idée — proposée à plusieurs reprises au cours des années et le plus récemment par Gregory Paul, paléontologue et artiste — que nombre de dinosaures vraisemblablement terrestres seraient devenus des oiseaux inaptes au vol, à la manière, disons, des autruches ou des manchots modernes. Autrement dit, ils proviennent d'ancêtres volants dont les restes n'ont pas encore été trouvés. Certains dinosaures seraient-ils vraiment des dragons tombés du ciel ?

VOICI LES DROMAEOSAURES

Groupe éteint qui fut le plus proche parent des oiseaux

De gauche à droite : Bambiraptor, Rahonavis

(en vol), Sinornithosaurus, Deinonychus et Velociraptor.

Les pattes d'Utahraptor, qui atteignait 7 m,

apparaissent à l'arrière-plan.

À GAUCHE Au Trias moyen, voici quelque 225 millions d'années, la plupart de la masse terrestre se fond en un seul super continent, la Pangée, qui s'étend du nord au sud le long de l'axe global.

CI-DESSOUS Dès le Jurassique inférieur, il y a 180 millions d'années, la Pangée commence à se fragmenter, alors que le Gondwana entreprend son mouvement en direction nord.

L'arbre généalogique des dinosaures que nous présentons dans ce livre repose sur une bonne partie des recherches récentes, mais ne se prétend pas donner le fin mot de l'histoire. Les notions que nous entretenons sur les dinosaures changent presque de semaine en semaine au rythme des nouvelles découvertes, chacune attestant de sa place dans l'ordre des choses. Les plus grandes fluctuations de l'arbre touchent les théropodes, domaine dans lequel la recherche est particulièrement active en ce moment, puisque tous les dinosaures à plumes découverts jusqu'à maintenant appartiennent à ce groupe. L'interrelation entre les sauropodes soulève aussi beaucoup d'intérêt, comme d'ailleurs la position dans l'arbre de certains dinosaures primitifs ressemblant aux théropodes, notamment *Herrerasaurus* et *Eoraptor*. Certains croient que ce sont des théropodes primitifs, tandis que d'autres y voient une forme plus primitive et généralisée de dinosaures dont l'embranchement serait survenu avant que ne soit clairement établie la division entre sauropodes et théropodes.

LE MONDE DU MÉSOZOÏQUE

L'âge des dinosaures a duré 183 millions d'années, ou presque toute l'ère du Mésozoïque. Deux phases transitoires et abruptes encadrent l'intervalle, soit les extinctions massives survenues à la fin du Permien et du Crétacé. La face de la Terre change notablement pendant ce long intervalle en raison du processus de la dérive des continents, phénomène si lent que les êtres humains ne peuvent le percevoir dans leur trop courte existence, mais qui, sur une échelle temporelle suffisamment longue, domine la vie sur la Terre et en règle l'évolution.

Il n'y a pas si longtemps encore, les géologues croyaient que la position relative des continents s'était fixée tout au début des temps. De nombreuses découvertes, inusitées et disparates, vinrent infirmer cette notion, mais on les expliquait dans le contexte temporel. Ainsi, la découverte de ce qui était essentiellement la même créature sur des continents fort éloignés l'un de l'autre a été expliquée par des «ponts terrestres» qui les auraient autrefois reliés; les fossiles de mollusques découverts dans les roches au sommet d'une montagne reflétaient, croyait-on, des élévations (et abaissements) spectaculaires du niveau de la mer. Certains observateurs ont cependant contesté cette fixité, par exemple, en notant comment la côte nord-est de l'Amérique du Sud et le golfe de Guinée sur la côte atlantique de l'Afrique peuvent curieusement s'emboîter, à la façon d'un puzzle, l'un dans l'autre. Par ailleurs, de nombreux fossiles présents dans le Nord de l'Europe le sont aussi dans des roches très similaires de l'Amérique du Nord. Pareilles dispositions pouvaient difficilement résulter d'une coïncidence. Se pouvait-il que l'Amérique du Nord et l'Europe, ou que l'Amérique du Sud et l'Afrique, aient été autrefois soudées, pour être ensuite séparées

sous l'effet de quelque processus encore inconnu? Le problème était qu'aucun mécanisme expliquant la dérive des continents n'avait encore été imaginé.

La percée survint avec la notion, bien étayée par les inventaires géologiques du fond marin, que toutes les parties de la croûte terrestre, qu'elles soient continentales ou océaniques, appartiennent à un système unique et intégré, ce qui permet d'expliquer non seulement la dérive des continents, mais aussi de nombreuses autres circonstances. Il se trouve que la surface de la Terre est divisée en régions distinctes ou «plaques», sortes de panneaux rigides formés de roches solides qui glissent sur une couche visqueuse et incandescente. Les plaques se démarquent par les dorsales médio-océaniques — chaînes volcaniques submergées — et par des lignes de failles sismiques et des cicatrices profondes, ou fosses abyssales sillonnant les fonds marins. La roche fondue gonfle à l'intérieur de la Terre et s'échappe par les dorsales médio-océaniques créant ainsi un nouveau fond marin. Plus la production de roche fondue est intense, plus le fond marin s'éloigne de la dorsale. Par conséquent, on datera le fond marin selon sa position relativement à une dorsale : plus il en est éloigné, plus il est âgé. On pourrait en déduire que certaines portions du fond océanique remontent jusqu'aux origines de la Terre, mais il n'en est rien. Si c'était le cas, la terre aurait lentement gonflé comme un ballon, alors qu'elle a gardé à peu près la même taille tout au long de son histoire, pour autant que nous le sachions. En fin de compte, le plus ancien fond océanique ne remonte qu'au Jurassique. Qu'est-il donc arrivé aux fonds océaniques d'avant cette période? Ils ont été recyclés par un mécanisme qui compense la production de roches aux dorsales médio-océaniques et selon lequel les anciens fonds océaniques plongent dans les profondeurs des fosses abyssales. Il en résulte une série de régions distinctes du globe, démarquées par des dorsales produisant constamment les roches qui s'éliminent dans les fosses.

CONTINENTS EN DÉRIVE

Tout comme ils se forment, les continents peuvent disparaître. L'érosion et le vieillissement des roches continentales créent des bassins de roches sédimentaires, ainsi que des dépôts sur les fonds océaniques. La formation d'un point chaud, voire du germe d'une nouvelle dorsale

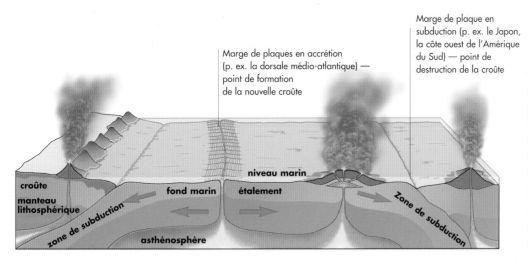

Marge de plaques en accrétion (p. ex. la dorsale médio-atlantique) — point de formation de la nouvelle croûte

Marge de plaque en subduction (p. ex. le Japon, la côte ouest de l'Amérique du Sud) — point de destruction de la croûte

À GAUCHE La nouvelle croûte océanique est constamment en formation aux dorsales médio-océaniques. Lorsqu'une nouvelle croûte s'ajoute à une plaque qui contient un continent, ce dernier s'éloigne de la dorsale de formation. Étalée sur des millions d'années, cette activité a entraîné le déplacement des continents sur des milliers de milles à la surface de la Terre. Dans les zones de subduction, c'est-à-dire à la frontière de certaines plaques, la croûte océanique est entraînée vers le bas, à l'intérieur de la Terre, ce qui cause les séismes et l'activité volcanique.

À GAUCHE À la fin du Jurassique, il y a quelque 145 millions d'années, la Laurasie occidentale se sépare entièrement du Gondwana et commence à prendre la configuration familière de la masse terrestre nord-américaine. L'Inde, l'Australie et l'Antarctique commencent aussi à se détacher du super continent.

CI-DESSOUS Au Crétacé supérieur, il y a 65 millions d'années, les continents ressemblent de près à ceux que nous connaissons aujourd'hui, sauf pour quelques ajustements à venir. L'Australie s'installe au lieu familier, mais l'Inde se dirige vers une rencontre choc avec l'Asie méridionale.

médio-océanique, sous un continent entraîne une fission. Lorsqu'un continent situé sur le bord d'une plaque dérive vers un autre sur une plaque adjacente, le heurt entre les deux crée d'énormes chaînes de montagnes.

Ainsi, la Sibérie est une ancienne masse continentale formée, il y a des milliards d'années, par l'accrétion de nombreuses îles océaniques. Au Permien, la collision de la Sibérie avec Baltica donne naissance à la chaîne de l'Oural. Le processus crée des bassins dans lesquels s'accumulent une abondance de sédiments riches en fossiles. En fait, la période du Permien tire son nom de la ville de Perm dans l'Oural méridional. À peu près à la même époque, cette masse terrestre rejoint la plupart des autres pour former un continent unique et gigantesque appelé la Pangée, que viendra lentement fracturer la création de dorsales médio-océaniques, mais dont certaines parties entreront de nouveau en contact beaucoup plus tard dans l'histoire géologique. Bien après l'extinction des dinosaures, la masse continentale que nous appelons l'Inde heurte la bordure méridionale de la plaque eurasienne, créant l'Himalaya. Dans ce processus, toujours en cours, la bordure septentrionale de l'Inde disparaît lentement par subduction sous le Tibet.

Un regard sur le passé lointain nous laisse entrevoir une Terre bien différente de la conception statique qu'ont déjà entretenue les géologues. Les continents bougent constamment, oscillant entre les extrêmes de la consolidation ou de la fragmentation, et ce mouvement a une incidence profonde sur la vie. L'accrétion des continents en une énorme masse terrestre au Permien a réduit les zones de plateau continental dont pouvait disposer la vie marine et a pu favoriser la phase d'extinction à la fin de la période. Au Jurassique, par exemple, l'Antarctique n'a pas encore

pris sa place au pôle Sud, et le pôle Nord n'est pas entouré de l'océan Arctique presque entièrement fermé que l'on connaît aujourd'hui. La circulation des eaux chaudes crée un régime tropical uniforme, même aux pôles. Toutefois, à mesure que les continents adoptent la position qui nous est familière, les variations climatiques prennent plus d'amplitude. Les hauts sommets issus de la collision entre l'Inde et l'Asie perturbent la circulation de l'air autour du globe, créant la mousson et donnant peut-être le coup de coude qui poussera la Terre dans une phase prolongée de refroidissement et de désertification, laquelle culminera en un âge glaciaire d'où émergera l'humanité. Vraisemblablement, la destinée des dinosaures a été tributaire de la dérive des continents et, en général, de la lente fragmentation de la Pangée.

Au début du Trias, le monde se remet des extinctions massives survenues à la fin du Permien, alors que 96 pour cent de toutes les espèces marines ont été détruites, en même temps qu'une proportion comparable d'espèces terrestres. Il se peut que le centre de la Pangée, loin de tout océan, soit devenu un vaste désert inhospitalier. Une fois son équilibre retrouvé, le monde connaît au Trias l'épanouissement de nombreuses espèces d'animaux terrestres, y compris les plus anciennes formes connues de grenouilles, de tortues et de mammifères, ainsi que de nombreuses formes intéressantes de reptiles qui finiront par s'éteindre. Les dinosaures ne sont qu'un de ces groupes apparaissant d'abord à la fin du Trias. Petits et bipèdes, la plupart des dinosaures sont des ornithischiens ou des saurischiens. À la fin du Trias, certains groupes sont devenus énormes, dont les premiers sauropodes.

Au Jurassique, les dinosaures d'un peu partout tendent à se ressembler, surtout parce que les continents du globe sont encore plus ou moins soudés les uns aux autres. Le Crétacé entraîne une plus grande diversité à mesure que les continents se détachent et adoptent plus ou moins la forme qu'on leur connaît aujourd'hui. Les dinosaures isolés sur diverses masses terrestres ont évolué chacun de leur côté, ce qui a donné lieu à l'apparition de faunes régionales distinctes. Ainsi, les hadrosaures et les cératopsiens sont associés aux régions orientales de l'Asie et occidentales de l'Amérique du Nord, lesquelles étaient alors réunies en un seul continent insulaire. D'autres sortes de dinosaures, par exemple les théropodes abélisaures, sont associées aux continents méridionaux. En règle générale, les théropodes se sont diversifiés à un degré étonnant et ont produit des formes dont les tailles vont du gigantesque (*Tyrannosaurus*) au minuscule (*Microraptor*).

Toutefois, l'événement le plus important du Crétacé est sans doute l'établissement des plantes florifères qui caractérisent l'écologie globale. D'abord confinées aux eaux bordant la plaine basse (les nénuphars comptent parmi les plus anciennes espèces florifères), elles se sont graduellement répandues dans tout le paysage en même temps qu'elles se diversifiaient pour créer des forêts entièrement nouvelles, lesquelles à leur tour modifiaient le paysage du tout au tout. Vinrent avec les plantes florifères les insectes qui en assurèrent la pollinisation, d'où le germe d'une écologie essentiellement moderne.

LA FIN DES DINOSAURES

L'effondrement apparemment soudain des dinosaures est l'un des grands non-problèmes de la paléontologie. Parce qu'il est impossible de forger un lien certain entre la cause possible d'une extinction et ses effets, à plus forte raison lorsqu'il s'agit d'une période aussi ancienne de la Terre (après tout, personne n'y était pour observer les événements), les paléontologues ont pu inventer toutes sortes de raisons pour expliquer la disparition des dinosaures.

Par exemple, il s'est mis à faire trop chaud, trop froid, trop humide, trop sec ou quelque autre combinaison de ces qualités du temps. Les dinosaures ont été frappés de nouvelles infections; ils ont succombé à la fièvre des foins (à cause de ces plantes florifères sans doute), aux pluies acides, aux éruptions volcaniques, aux rayons émis par des supernovae, à l'impact d'un astéroïde, à l'indigestion ou à l'impuissance. Les écailles de leurs œufs sont devenues trop minces, de sorte qu'elles éclataient prématurément, ou trop épaisses, si bien que la couvée ne pouvait en sortir. Peut-être qu'œufs et couvées furent victimes des déprédations de mammifères primitifs. Ou peut-être bien qu'après un si long règne au sommet de la chaîne et ne trouvant plus à s'occuper, les dinosaures sont tout bonnement morts d'ennui. Toutes ces raisons ont été avancées pour expliquer l'extinction des dinosaures. Le candidat de l'heure est l'impact d'un astéroïde. Il est certain qu'un corps céleste, faisant approximativement la moitié de la taille de l'île de Manhattan et se déplaçant à des dizaines de milliers de km/h, a frappé ce qui est maintenant la côte du Mexique du côté des Caraïbes, il y a près de 65 millions d'années; il est aussi certain qu'un tel impact a causé des désastres à l'échelle du globe. Il est possible que les dinosaures aient figuré parmi les plus importantes victimes.

CI-DESSUS Il est certain qu'un astéroïde a frappé la Terre, il y a quelque 65 millions d'années, et a causé une immense dévastation. Toutefois, la preuve que pareil impact a entraîné l'extinction des dinosaures demeure circonstancielle. Après tout, les oiseaux — qui sont des dinosaures spécialisés — n'ont-ils pas survécu?

L'extinction massive des dinosaures nous pose cependant trois problèmes.

Le premier est que l'on ne peut jamais relier les causes aux effets de la manière dont bien des paléontologues le présument possible. Jusqu'à ce que quelqu'un découvre un fossile de *T. rex* tenant entre les dents un morceau d'astéroïde, nous ne pourrons jamais être absolument certains que les astéroïdes ont joué un rôle dans la mort d'un seul dinosaure, encore moins dans celle de tous à la fois.

Cela nous mène à notre deuxième objection, soit que l'extinction est perçue par convention comme un événement unique, une faux rasant un groupe entier d'un seul coup, alors qu'il s'agit vraiment de la somme des morts de nombreux individus, dont les uns ont pu accomplir leur destin différemment des autres.

Enfin, l'extinction est un fait commun. Des espèces disparaissent tous les jours. Les extinctions massives correspondent à une hausse du niveau quotidien, et la mesure dans laquelle pareille escalade représente un nouveau phénomène exigeant une explication spéciale, outre les déclencheurs qui entraînent généralement l'extinction, est affaire d'interprétation.

Notre propre perspective sur l'extinction des dinosaures concerne leur taille. Il y a quelque 10 000 ans, à la fin des âges glaciaires, la plupart des animaux plus gros qu'un chien d'arrêt ont disparu. Jusqu'à récemment, les gros animaux étaient relativement communs : il y avait des mammouths, des bisons, de grands cervidés, et ainsi de suite. Le paresseux terrestre géant vagabondait en Amérique, tandis que le kangourou géant bondissait un peu partout en Australie, et pourtant, cela n'est plus le cas. Il est possible et même vraisemblable que cette tuerie soit le fait de l'humanité naissante, mais sans égard à la cause, nous pressentons que les animaux de grande taille sont davantage enclins à l'extinction que les plus petits. Ils sont plus visibles et ont moins de place où se cacher; ils tendent aussi à se reproduire moins fréquemment et ont moins de rejetons. Peu importe ce qui a anéanti les dinosaures, à notre avis, l'extinction a affecté de préférence les plus grosses espèces, laissant les petites — les oiseaux — indemnes.

COMMENT UTILISER
LE GUIDE D'OBSERVATION

La plus grande partie de ce livre est structurée sur le modèle d'un guide d'observation dans la nature, à l'intention des enthousiastes du safari qui aiment bien voyager dans le temps. Nous illustrons et décrivons des dinosaures comme si c'étaient des animaux vivants et donnons des précisions sur leur apparence, leurs habitudes et leurs habitats les plus probables, de même que des notes sur leur écologie. Des graphiques orientent le lecteur dans l'espace et dans le temps. Nous avons réparti le Mésozoïque en quatre phases : le Trias, le Jurassique, le Crétacé inférieur et moyen et le Crétacé supérieur. Cette subdivision du Crétacé n'est qu'une question d'équilibre, étant donné qu'on en sait probablement autant sur les 20 derniers millions d'années d'existence des dinosaures que sur les 130 millions d'années précédentes. Nous situons les dinosaures en fonction des continents modernes. Quoique le monde ait changé de façon spectaculaire depuis le Mésozoïque, il commençait alors à prendre une forme que l'œil moderne reconnaît, de sorte que l'on peut décrire *grosso modo* la répartition des diverses sortes de dinosaures en fonction des masses terrestres actuelles.

Un croquis du squelette montre en détail l'anatomie de chaque dinosaure.

Présentant les dinosaures dans leur habitat naturel, Luis V. Rey fait revivre leur monde avec une profusion de couleurs vives et de textures fines.

La région où se trouve chaque type de dinosaure est indiquée sur le globe.

Un petit cladogramme indique à quelle « famille » et à quelle période appartient le dinosaure.

Des croquis et notes sur l'anatomie précisent certaines caractéristiques et habitudes des dinosaures.

Nous terminerons par un avertissement au lecteur : quiconque choisit de croire à ce qui suit le fait à ses propres risques. D'autres rejetteront nos spéculations en les disant absurdes et invraisemblables. En un sens, ils auront absolument raison, car nous sommes prêts à parier que les vrais dinosaures du Mésozoïque ne ressemblaient guère à ce que vous verrez dans ces pages — *ils étaient, et de loin, beaucoup plus étranges.*

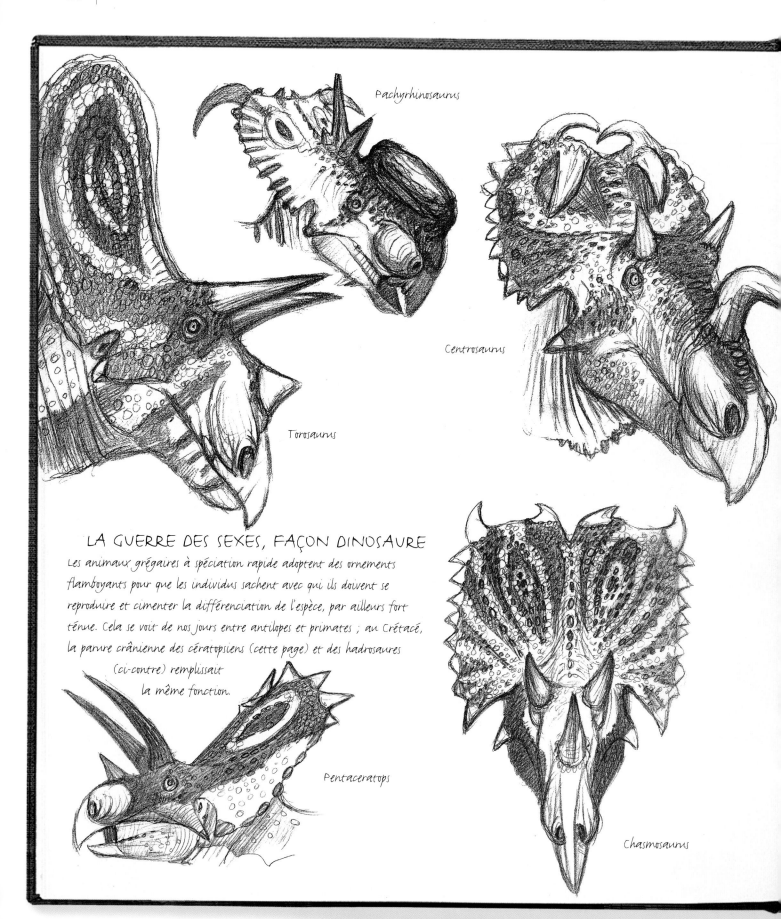

Pachyrhinosaurus

Centrosaurus

Torosaurus

LA GUERRE DES SEXES, FAÇON DINOSAURE

Les animaux grégaires à spéciation rapide adoptent des ornements
flamboyants pour que les individus sachent avec qui ils doivent se
reproduire et cimenter la différenciation de l'espèce, par ailleurs fort
ténue. Cela se voit de nos jours entre antilopes et primates ; au Crétacé,
la parure crânienne des cératopsiens (cette page) et des hadrosaures
(ci-contre) remplissait
la même fonction.

Pentaceratops

Chasmosaurus

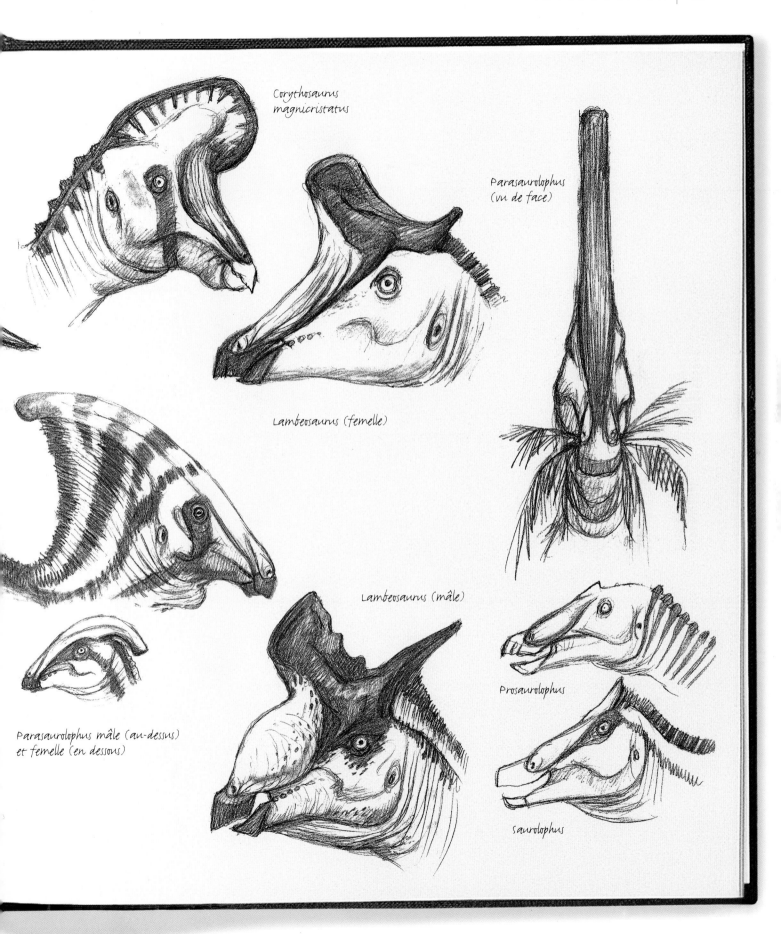

Corythosaurus
magnicristatus

Parasaurolophus
(vu de face)

Lambeosaurus (femelle)

Lambeosaurus (mâle)

Prosaurolophus

Parasaurolophus mâle (au-dessus)
et femelle (en dessous)

Saurolophus

Le

Il y a de 245 à 208 millions d'années

Trias

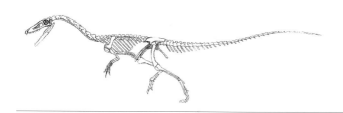

COELOPHYSIS

Description : petit théropode primitif
Taille : de 2 à 4 m du nez à la queue

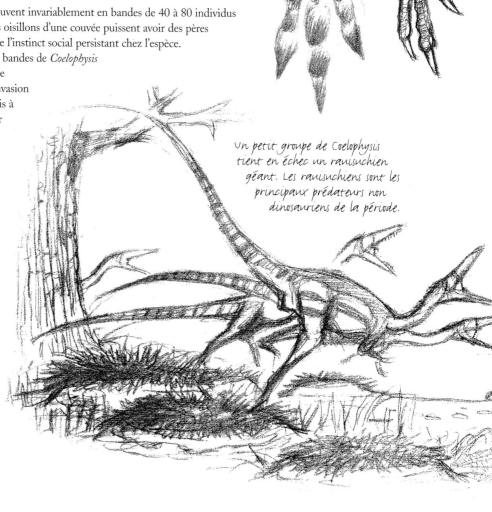

Pied et empreinte du pied, détail du bras.

Traits distinctifs : Plusieurs espèces de *Coelophysis* sont connues : celle illustrée ici est *Coelophysis bauri*. Coureurs rapides et agiles à la queue extrêmement longue, ces dinosaures diffèrent des théropodes typiques de la période en ce qu'ils sont fortement socialisés. L'animal gris à bleu-vert porte un camouflage à rayures vert émeraude, des caroncules écarlates autour de la face et un museau jaune or. Les deux sexes sont de taille semblable, bien que les mâles soient plus lourds et trapus. L'accouplement se produit à n'importe quelle période de l'année : le mâle « garde » alors la femelle réceptive et essaie de s'accoupler tout en repoussant les autres prétendants, mais une femelle s'accouplera habituellement avec plusieurs mâles avant de pondre une couvée de six à huit œufs verts. Les œufs sont enfouis sous une couche mince de végétation, puis abandonnés. Les oiseaux nidifuges en sortent après quatre à cinq semaines, adultes en miniature qui se mettent aussitôt en quête de petites proies invertébrées.

Habitudes et habitat : Les *Coelophysis* se trouvent invariablement en bandes de 40 à 80 individus des deux sexes et de tous âges. Le fait que les oisillons d'une couvée puissent avoir des pères différents a été proposé comme explication de l'instinct social persistant chez l'espèce. Contrairement aux hardes de sauropodes, les bandes de *Coelophysis* n'ont pas d'organisation réelle ni de hiérarchie dominante. Un voyageur a décrit ainsi une invasion de ces créatures : « On dirait armée de fourmis à taille d'homme détruisant instantanément sur son passage tout animal plus petit qui n'a pu se mettre à couvert à temps pour éviter cette marée de rapaces. »

Un petit groupe de Coelophysis tient en échec un rauisuchien géant. Les rauisuchiens sont les principaux prédateurs non dinosauriens de la période.

Face d'un Coelophysis vue par sa proie !

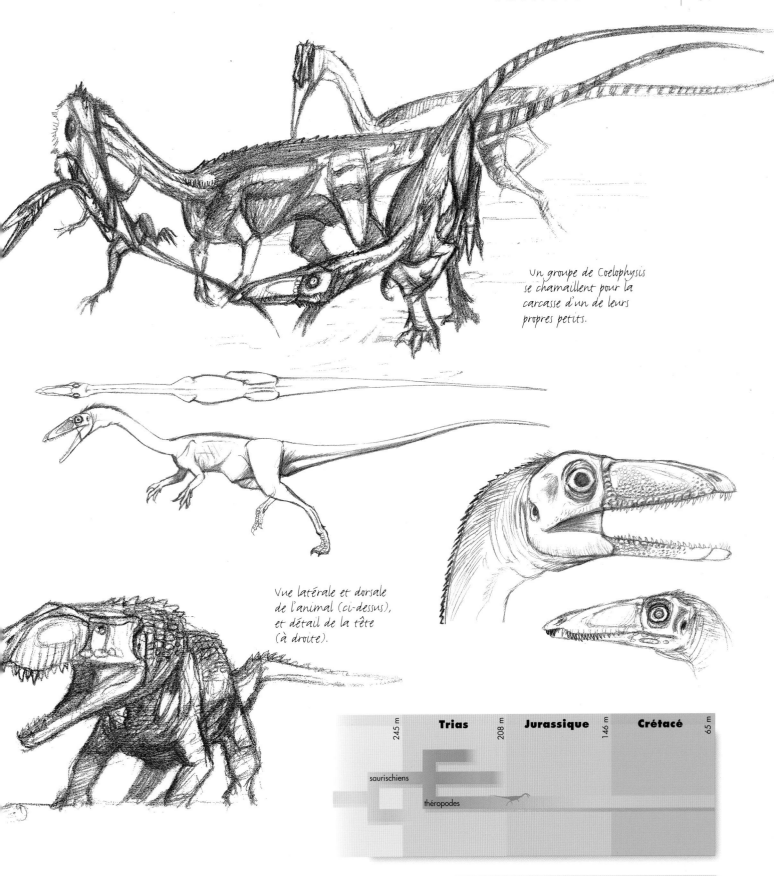

Un groupe de *Coelophysis* se chamaillent pour la carcasse d'un de leurs propres petits.

Vue latérale et dorsale de l'animal (ci-dessus), et détail de la tête (à droite).

		245 m	**Trias**	208 m	**Jurassique**	146 m	**Crétacé**	65 m

saurischiens

théropodes

PAGE SUIVANTE : Deux *Coelophysis* adolescents se disputent un lézard fraîchement attrapé.

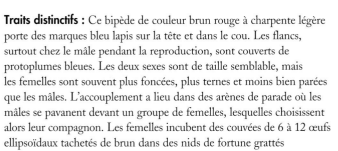

EORAPTOR

Description : petit dinosaure primitif
Taille : 1 m du nez à la queue

Traits distinctifs : Ce bipède de couleur brun rouge à charpente légère porte des marques bleu lapis sur la tête et dans le cou. Les flancs, surtout chez le mâle pendant la reproduction, sont couverts de protoplumes bleues. Les deux sexes sont de taille semblable, mais les femelles sont souvent plus foncées, plus ternes et moins bien parées que les mâles. L'accouplement a lieu dans des arènes de parade où les mâles se pavanent devant un groupe de femelles, lesquelles choisissent alors leur compagnon. Les femelles incubent des couvées de 6 à 12 œufs ellipsoïdaux tachetés de brun dans des nids de fortune grattés à même le sol.

Habitudes et habitat : Ces animaux errent dans la plaine peu boisée. Bien qu'*Eoraptor* mange tout ce qui lui tombe sous la dent, les petits mammifères forment la majeure partie de son régime. *Eoraptor* chasse seul ou en groupe peu nombreux, invariablement au crépuscule ou juste avant l'aurore, moment où ses proies sont les plus actives. Le débat des paléontologues afin de classer *Eoraptor* au nombre des dinosaures ou des théropodes évolués n'est pas encore réglé. Quoi qu'il en soit, c'est l'un des plus anciens dinosaures, comptant déjà les traits caractéristiques que sont la posture bipède, la main préhensile, de grands yeux, un métabolisme rapide, des protoplumes et une intelligence relativement développée. Tous ces traits indiquent un spécialiste de la chasse aux proies nocturnes qui se déplacent vite, notamment les mammifères. Cela n'est sans doute pas une coïncidence puisque les premiers mammifères identifiés apparaissent à la même époque, ouvrant ainsi une niche écologique à un nouveau type de prédateur.

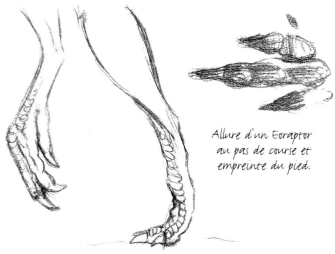

Allure d'un Eoraptor au pas de course et empreinte du pied.

Traversodontes (ci-dessous) et massetognathes (à droite) figurent en tête de liste sur le menu d'Eoraptor.

Trois Eoraptor pillent la carcasse du dicynodonte Dinodontosaurus.

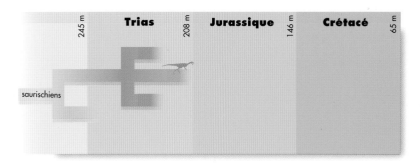

Détail de la main montrant les 4ᵉ et 5ᵉ doigts vestigiaux à gauche.

	Trias	Jurassique	Crétacé
245 m		208 m	146 m	65 m

saurischiens

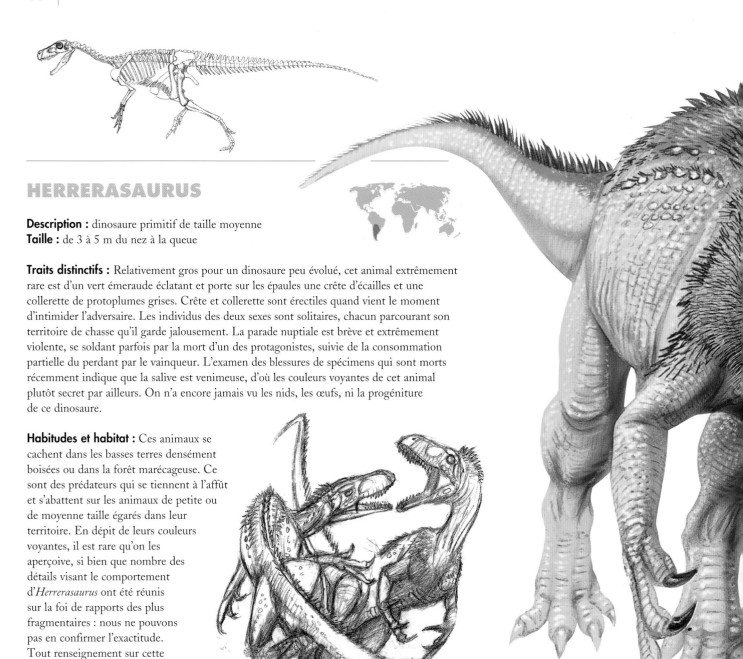

HERRERASAURUS

Description : dinosaure primitif de taille moyenne
Taille : de 3 à 5 m du nez à la queue

Traits distinctifs : Relativement gros pour un dinosaure peu évolué, cet animal extrêmement rare est d'un vert émeraude éclatant et porte sur les épaules une crête d'écailles et une collerette de protoplumes grises. Crête et collerette sont érectiles quand vient le moment d'intimider l'adversaire. Les individus des deux sexes sont solitaires, chacun parcourant son territoire de chasse qu'il garde jalousement. La parade nuptiale est brève et extrêmement violente, se soldant parfois par la mort d'un des protagonistes, suivie de la consommation partielle du perdant par le vainqueur. L'examen des blessures de spécimens qui sont morts récemment indique que la salive est venimeuse, d'où les couleurs voyantes de cet animal plutôt secret par ailleurs. On n'a encore jamais vu les nids, les œufs, ni la progéniture de ce dinosaure.

Habitudes et habitat : Ces animaux se cachent dans les basses terres densément boisées ou dans la forêt marécageuse. Ce sont des prédateurs qui se tiennent à l'affût et s'abattent sur les animaux de petite ou de moyenne taille égarés dans leur territoire. En dépit de leurs couleurs voyantes, il est rare qu'on les aperçoive, si bien que nombre des détails visant le comportement d'*Herrerasaurus* ont été réunis sur la foi de rapports des plus fragmentaires : nous ne pouvons pas en confirmer l'exactitude. Tout renseignement sur cette créature serait précieux.

245 m	**Trias**	208 m	**Jurassique**	146 m	**Crétacé**	65 m

saurischiens

Une lutte violente a éclaté alors que le mâle tentait de monter la femelle (au-dessus). Peu après cette scène, la femelle a tué et dévoré le mâle, laissant à un groupe d'Eoraptor nécrophages le soin d'en nettoyer la carcasse.

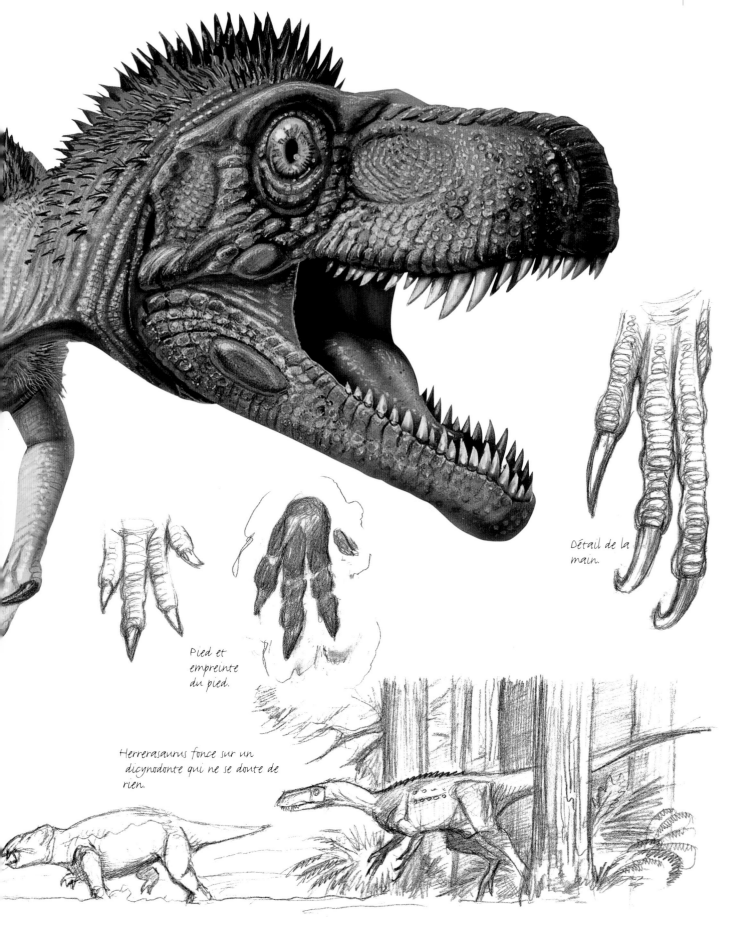

Détail de la main.

Pied et empreinte du pied.

Herrerasaurus fonce sur un dicynodonte qui ne se doute de rien.

LILIENSTERNUS

Description : théropode de moyenne à grande taille
Taille : de 6 à 8 m du nez à la queue

Traits distinctifs : Ce théropode élancé, de couleur gris bleu, porte une crête voyante d'écailles bleues qui longe l'échine, laquelle est flanquée de plumes filamenteuses bleu noir habituellement plus longues chez le mâle que chez la femelle. Le mufle est orné de crêtes parallèles noires et jaunes utilisés dans la parade. Les individus vivent habituellement en petits groupes composés soit de mâles célibataires, soit de femelles accompagnées de rejetons immatures. Ces groupes se rassemblent en bandes pendant la saison de la reproduction annuelle, alors que les mâles développent un plumage imposant sur les bras et le corps, attributs dont ils font bruyamment étalage devant les femelles. Trait inhabituel chez les dinosaures, les femelles se dispersent avant de pondre leurs œufs dans de petites dépressions aménagées à même le sol. Deux ou trois oiseaux nidifuges précoces éclosent d'une couvée contenant quatre ou cinq œufs.

Habitudes et habitat : Grand théropode du Trias, *Liliensternus* chasse les grands prosauropodes, les sauropodes primitifs et d'autres herbivores. Les animaux vagabondent dans de vastes régions, chaque groupe surveillant les mouvements d'un certain nombre de hardes herbivores. Les théropodes tentent habituellement d'acculer une jeune victime qu'ils séparent de sa harde et dont ils mordent le cou et le bas des flancs jusqu'à épuisement.

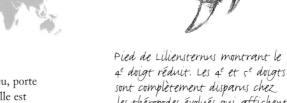

Pied de Liliensternus montrant le 4e doigt réduit. Les 4e et 5e doigts sont complètement disparus chez les théropodes évolués qui affichent le modèle classique du pied et de l'empreinte à trois doigts.

Liliensternus, vu de face.

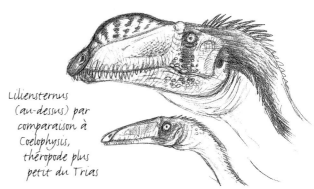

Liliensternus (au-dessus) par comparaison à Coelophysis, théropode plus petit du Trias

Deux Liliensternus attaquent le petit dinosaure cuirassé Scutellosaurus.

	Trias	Jurassique	Crétacé
245 m	208 m	146 m	65 m

saurischiens

théropodes

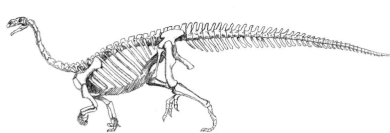

PLATEOSAURUS

Description : prosauropode de taille moyenne

Taille : de 6 à 10 m du nez à la queue

Traits distinctifs : Il existe de nombreuses espèces semblables à *Plateosaurus;* on les distingue par les marques faciales, la couleur du cou et des flancs, ainsi que les écailles et plaques osseuses ornementales. L'espèce illustrée ici est *Plateosaurus engelhardi*. Mâles et femelles tendent à se ressembler, mais certaines femelles sont de 10 à 20 % plus grandes que les mâles. La face est rouge vif, et des bandes rouges longent chaque côté du cou. La surface dorsale, du brun havane au brun chocolat, est de texture rugueuse; les flancs, le ventre et les membres sont gris. La livrée des oisillons est beaucoup plus bigarrée et marquée comme un zèbre de rayures havane et chocolat.

Habitudes et habitat : Comme la plupart des prosauropodes de cette ère, *Plateosaurus* vit la plupart du temps en hardes familiales rassemblant de 5 à 20 animaux sous la gouverne d'une matriarche; ces hardes forment de grands troupeaux pouvant compter jusqu'à 200 têtes pendant la brève saison d'accouplement et de reproduction qui prend place à la fin du printemps. L'accouplement est polyandre, les femelles bien établies dans la hiérarchie matriarcale ayant accès à un nombre de mâles proportionnel à leur position dans l'échelle sociale. Une matriarche mature et dominante a environ 30 ans et compte de trois à cinq maris, dont chacun s'occupe d'un nid de 10 à 20 œufs, tandis que les femelles assurent les travaux de garde générale. Les aires de nidification situées dans des régions boisées en haute altitude sont appelées des « forteresses » : les dinosaures nichent souvent près des arbres où perchent les « sentinelles » que sont les ptérosaures rhamphorynchoïdés. Ces sites les protègent contre les inondations et les attaques de théropodes prédateurs.

Le mâle s'occupe du nid, retournant les œufs entre les périodes d'incubation.

Les œufs de Plateosaurus sont de tailles variées.

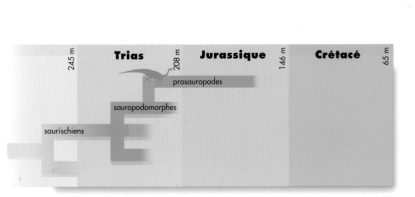

Deux mâles concourent pour gagner les attentions de la femelle dominante.

Main avec griffe et empreinte de la main.

Pied et empreinte du pied.

	245 m	**Trias**	208 m	**Jurassique**	146 m	**Crétacé**	65 m
				prosauropodes			
		sauropodomorphes					
saurischiens							

À droite: Éveillée par les cris stridents des sentinelles ptérosaures, une matriarche Plateosaurus se lève sur ses pattes postérieures et montre ses griffes féroces, prête à défendre la forteresse contre une paire de Liliensternus en maraude.

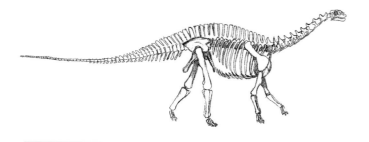

ISANOSAURUS

Description : petit sauropode primitif
Taille : de 5 à 10 m du nez à la queue

Traits distinctifs : Mâles et femelles ont la même apparence, bien que les femelles soient de 10 à 20 % plus lourdes que les mâles, ces derniers étant plus vivement colorés. L'illustration principale montre un mâle, qui se nourrit aux branches d'un conifère, et une femelle à l'arrière-plan. Cet animal vit surtout dans les bois de conifères et les forêts marécageuses inondées et porte un camouflage à rayures vertes. *Isanosaurus* est le plus ancien des sauropodes connus. Les mains et pieds d'*Isanosaurus* comptent cinq doigts griffés, plutôt que le nombre réduit observé chez de nombreux prosauropodes et sauropodes. Toutefois, les callosités au talon, comme en ont les sauropodes, trahissent une certaine lourdeur et une tendance plus marquée que chez les prosauropodes à se mouvoir à quatre pattes.

Habitudes et habitat : Selon que le terrain est plus ou moins dégagé, on trouvera *Isanosaurus* soit en couples temporairement monogames ou en groupes familiaux dominés par une hiérarchie matriarcale ancienne autour de laquelle gravitent de nombreux célibataires. *Isanosaurus* montre une tendance à la longévité, de même qu'une différence marquée dans l'âge que peut atteindre chaque sexe, pareille différence étant une caractéristique des sauropodes. Une femelle dominante peut vivre de 30 à 50 ans, tandis que la plupart des mâles vivent de 20 à 25 ans.

Tête d'Isanosaurus (à droite) montrant les dents typiques des sauropodes qui permettent de couper le feuillage, par comparaison à la tête de Plateosaurus (à gauche).

Paire d'isanosaurus pendant l'accouplement.

Main et pied, avec empreinte de l'une et de l'autre.

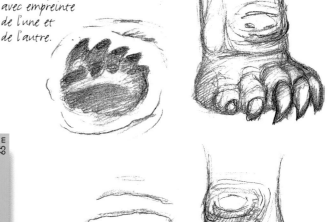

245 m	**Trias**	208 m	**Jurassique**	146 m	**Crétacé**	65 m
	sauropodomorphes					
saurischiens	sauropodes					

Le Juras

Il y a de 208 à 146 millions d'années

sique

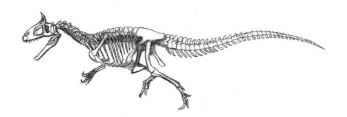

Une femelle garde un nid sur le littoral pendant que son compagnon fouille les petits fonds. Les œufs sont enterrés aux trois quarts dans le sable entassé près de la mère.

CRYOLOPHOSAURUS

Description : théropode de taille moyenne
Taille : de 5 à 8 m du nez à la queue

Traits distinctifs : Membre primitif du groupe de théropodes dits évolués qui comprend les tyrannosaures et les oiseaux, cet animal se trouve dans les zones côtières, froides ou tempérées, de l'Antarctique et dans d'autres parties du Gondwana méridional. La principale caractéristique qui le distingue est la crête, large et ornée, que portent les deux sexes mais qui prend sa plus vive coloration chez le mâle pendant la saison de l'accouplement. Chez *Cryolophosaurus elliotti*, espèce illustrée à la page suivante, la crête jaune citron est rayée de barres bleues, mais les couleurs varient selon les espèces. Le tronc est vêtu d'un pelage léger fait de protoplumes, et la face porte parfois un masque et une barbe de poils noirs. La tête est forte et munie de mâchoires de broyage puissantes convenant au régime de fruits de mer que favorise cette espèce. L'accouplement est fortement saisonnier; il se déroule au début du printemps. *Cryolophosaurus* s'accouple pour la vie, nichant habituellement sur les mêmes plages pendant toute son existence. Les nids sont des tas de sable aménagés au-delà de la laisse de marée; ils peuvent contenir une vingtaine d'œufs que garde l'un des parents pendant que l'autre va aux provisions. Les oisillons nidifuges atteignent la maturité sexuelle après deux ans.

Habitudes et habitat : *Cryolophosaurus* est un batteur de grèves spécialisé dans les marges océaniques où il ramasse des fruits de mer aussi délicieux que les carcasses de tortues, de crocodiles, de mésosaures et de plésiosaures. Son mets de prédilection, cependant, se compose d'ammonites récoltées sur la ligne du rivage ou les petits fonds. L'écaille de ces mollusques géants ne résiste pas aux mâchoires puissantes du dinosaure. La proie est avalée à moitié écrasée et le repas, emmagasiné dans le gésier, sera régurgité par la suite pour nourrir les oisillons. En dépit de son apparence redoutable, *Cryolophosaurus* s'attaque rarement aux herbivores contemporains.

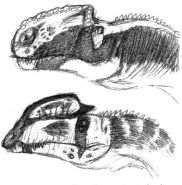

La crête frontale inhabituelle de *Cryolophosaurus* n'est pas unique chez les théropodes, comme on le constate dans ces croquis de *Monolophosaurus* (en haut) et de *Dilophosaurus*.

Deux mâles gardant des nids adjacents communiquent par signaux visuels pour bien démarquer les frontières territoriales.

Longs et minces, les œufs sont enterrés la pointe en bas. Leur couleur chamois tacheté les camoufle efficacement.

Un mâle ramasse une grosse ammonite sur un haut fond découvert à marée basse.

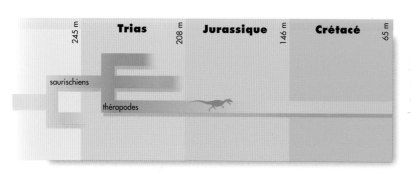

245 m	**Trias**	208 m	**Jurassique**	146 m	**Crétacé**	65 m

saurischiens

théropodes

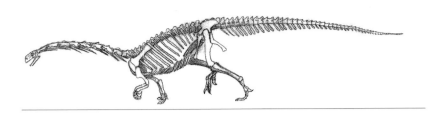

MASSOSPONDYLUS

Description : prosauropode de petite à moyenne taille
Taille : de 3 à 5 m du nez à la queue

Traits distinctifs : À l'exemple de nombreux prosauropodes (voir *Plateosaurus*), *Massospondylus* est vivement coloré, encore que cela convienne au camouflage dans certaines circonstances. Dans le cas de *Massospondylus*, la livrée bleue et jaune fournit une excellente couverture puisque l'espèce vit près des plages et dans la basse arbustaie des dunes. Les proportions des mâles et des femelles diffèrent, celles-ci étant légèrement plus corpulentes et ayant le cou plus long. Comme chez *Plateosaurus*, la livrée des oisillons est très bigarrée, ce qui leur permet de se dissiper dans le décor de l'aire de nidification.

Habitudes et habitat : *Massospondylus*, membre tardif de son groupe, va à contresens de ses cousins sauropodes en ce qui concerne l'organisation sociale, qui a tendance à se montrer moins prononcée chez lui. Les animaux vivent en groupes matriarcaux à l'organisation souple, qui se rassemblent en hardes pendant la saison de l'accouplement au printemps. Les mâles entrent en concurrence pour attirer l'attention des femelles, mais il n'existe pas de structure sociale à long terme. Les femelles pondent de six à dix œufs dans de petits nids carrés d'environ 90 cm carrés sous le sable et la végétation; les oisillons nidifuges sont prêts à migrer avec la harde quelques jours après leur naissance. Ces dinosaures vivent de plantes coriaces frutescentes, mais ils récupèrent aussi les coquillages et la charogne, et fouillent le sol avec la griffe solide du pouce pour y déloger les invertébrés et les racines. La force du nombre ainsi que la griffe du pouce les protègent contre les prédateurs théropodes.

Le pied (ci-dessus) et la main de Massospondylus, ainsi que les empreintes correspondantes.

Massospondylus en migration.

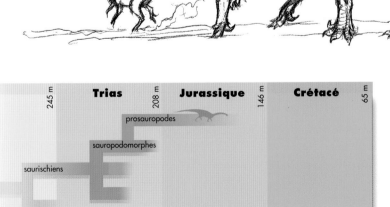

	Trias		Jurassique		Crétacé	
245 m		208 m		146 m		65 m

prosauropodes

sauropodomorphes

saurischiens

Massospondylus avalant une pomme de pin.

PAGE SUIVANTE : Dressés sur leurs pattes arrière et brandissant leurs griffes, des Massospondylus mâles font fuir Cryolophosaurus.

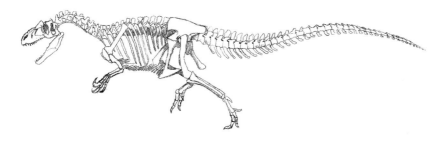

ALLOSAURUS

Description : théropode de moyenne à grande taille
Taille : de 9 à 12 m du nez à la queue

Traits distinctifs : Voici un théropode légèrement charpenté, qui court vite et qui chasse en bandes. Coloration et ornement varient largement d'une saison et d'une espèce à l'autre. L'espèce la plus répandue, *Allosaurus fragilis*, arbore généralement sur le dos, le cou et la queue un motif de «camouflage de combat», tandis que le ventre et les membres sont d'un gris terne. Le crâne est habituellement orné d'une sculpture osseuse et d'une série de petites cornes, dont la disposition peut servir à identifier les individus. Les mâles et les femelles se ressemblent de près et sont remarquables par l'absence générale de plumage et d'ornements ostentatoires. L'exception est observée pendant la brève période de reproduction au printemps, alors que les mâles se couvrent d'un plumage luxuriant, y compris une crête et une caroncule voyantes, et de longues plumes à lames sur les bras et la queue, parure qu'ils pavanent à grand bruit devant les femelles dans les arènes de parade communales. L'espèce est monogame ; les mâles et les femelles élèvent une couvée de trois à quatre poussins dans les nids bien protégés sur les hauteurs.

Habitudes et habitat : Les groupes de *A. fragilis* apparentés tendent à partager un territoire de chasse qu'ils patrouillent collectivement en bandes plus ou moins organisées variant de quatre à dix individus. Ils poursuivent et harcèlent leur proie sur de longues distances. Le chasseur ne s'élance sur sa proie que lorsqu'elle celle-ci, au bord de l'épuisement, sera abattue sans peine. Ils ciblent principalement les iguanodontidés, tel *Camptosaurus*, et les stégosaures, proies également exploitées par d'autres théropodes plus petits, notamment *Ceratosaurus*, qu'ils arrivent parfois à éloigner de leurs butins. Ils récupèrent aussi la charogne. *Allosaurus fragilis* compte parmi les théropodes capables de monter une attaque contre de grands sauropodes, encore que de telles cibles soient relativement rares. Par contre, ces géants du Jurassique sont une spécialité du proche parent qu'est *Allosaurus maximus*. Cette immense créature (mesurant jusqu'à 16 m) est rarement observée en raison de ses habitudes exclusivement nocturnes et de son pelage permanent de couleur bleu nuit. *Allosaurus maximus* inflige des dommages considérables aux campements de sauropodes en migration, mais on ne peut en évaluer l'ampleur que par le biais du carnage découvert à l'aube.

Le grand œuf blanc crème de A. fragilis à côté d'un oisillon d'une semaine couvert de plumes duveteuses et camouflé par sa coloration.

Gros plan de la
tête, vue de profil
et de face pour
montrer l'écart
des mâchoires.

Allosaurus fragilis, vues
latérale gauche et
dorsale.

Torse d'A. fragilis vu
de face. Tous les
théropodes en
mouvement tournent
la paume des mains
vers l'intérieur.

245 m	Trias	208 m	Jurassique	146 m	Crétacé	65 m

saurischiens

allosaures

théropodes

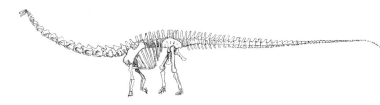

DIPLODOCUS

Description : grand sauropode
Taille : de 20 à 30 m du nez à la queue

Traits distinctifs : La première chose qui frappe le chasseur de dinosaures est la longueur extrême de cet animal par comparaison à sa charpente relativement légère. La queue et le cou, tenus plus ou moins à l'horizontale, forment plus des deux tiers de *Diplodocus*, lequel atteint près de 30 mètres. En outre, *Diplodocus* porte de bout en bout une crête de plaques osseuses triangulaires à croissance continue, si bien qu'elles sont plus longues chez les individus plus âgés. Mâles et femelles se ressemblent de près, quoique les femelles soient plus lourdes. La coloration est généralement d'un gris qui tourne au rose rougeâtre sur les flancs, le ventre, les membres, le cou et la face. Le cou et la queue sont striés de rayures roses et grises. La femelle pond de vingt à trente œufs, étalés dans des sillons parallèles qu'elle a grattés dans le sol. Les œufs, recouverts de végétaux et de crottins, sont gardés par un mâle ou par une femelle subalterne apparentée à la mère.

Habitudes et habitat : Typique de l'organisation sociale du sauropode à son apogée, *Diplodocus* vit en clans familiaux importants, dont le nombre fluctue entre 20 et 100 bêtes. Le clan se caractérise par une hiérarchie matriarcale que gouverne une reine au long règne, avec les femelles de sa proche parenté et une bande de maris, dont chacun s'occupe des nombreux nids pondus par une seule femelle. Chez cet animal, la longévité est aussi extrême que la longueur physique, les femelles pouvant vivre de 100 à 120 ans selon leur statut social, et les mâles, rarement moins d'un siècle. Les hardes de *Diplodocus* demeurent habituellement cohésives tout au long de l'année ; elles s'accroissent lorsqu'elles se rassemblent dans la plaine ou la forêt des basses terres.

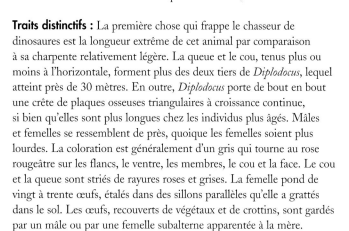

Œufs de Diplodocus.

seul un Allosaurus juvénile serait assez sot pour s'approcher d'une femelle adulte Diplodocus s'occupant de ses petits. Un seul coup du fouet de sa queue peut se révéler fatal.

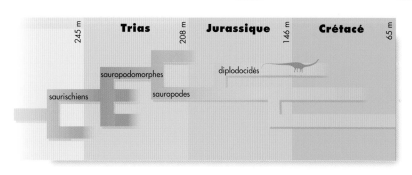

245 m	**Trias**	208 m	**Jurassique**	146 m	**Crétacé**	65 m

sauropodomorphes

diplodocidés

saurischiens

sauropodes

Deux mâles combattent pour gagner l'attention d'une femelle. La queue et les deux pattes postérieures servent de trépied lorsque les animaux se dressent l'un devant l'autre, position qu'ils ne peuvent maintenir bien longtemps sans risquer l'évanouissement. Les combattants tentent d'entailler la peau tendre de la gorge de l'adversaire en se servant des plaques épineuses qu'ils portent sur la nuque.

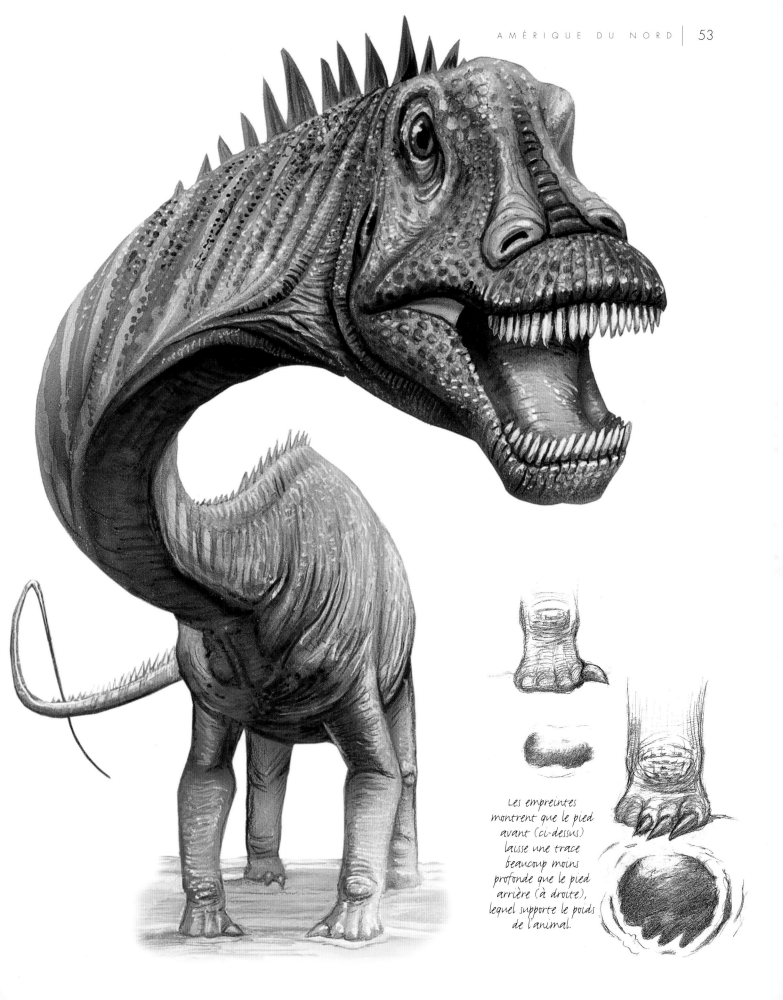

Les empreintes
montrent que le pied
avant (ci-dessus)
laisse une trace
beaucoup moins
profonde que le pied
arrière (à droite),
lequel supporte le poids
de l'animal.

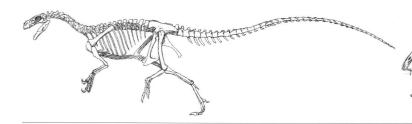

ORNITHOLESTES

Description : petit théropode
Taille : 2 m du nez à la queue

Traits distinctifs : Arborant souvent des couleurs vives, *Ornitholestes* est l'un des rares théropodes spécialisé dans le vol d'œufs. Les mâles (comme celui de l'illustration principale) ont un plumage blanc et duveteux; lorsque vient la saison printanière de l'accouplement, leur museau s'orne d'une crête rouge vif ainsi que de taches et de rayures rouges et noires. Le plumage des femelles est blanchâtre, avec quelques marques noires ou grises, mais la tête, glabre et rouge brique, rappelle celle des vautours. Les mâles et les femelles s'accouplent pour la vie et élèvent trois ou quatre petits par année. Les *Ornitholestes* se trouvent souvent en paires, aux abords des aires de nidification de sauropodes. Ils ajustent la saison de reproduction sur le calendrier de leur «hôte». Habituellement, chaque espèce de sauropode est exploitée par une seule espèce d'*Ornitholestes* parasite. Après que les petits se sont envolés, ces animaux ont tendance à vagabonder seuls, suivant les hardes de sauropodes et se nourrissant de ce qu'ils peuvent trouver.

Habitudes et habitat : Largement distribués mais peu communs localement, ces animaux s'associent exclusivement aux hardes de sauropodes. Ils sont devenus un vecteur important d'un remarquable parasite au cycle complexe, la douve *Praefasciola brachiosauri*. Le vers adulte (pouvant atteindre 3 mètres de longueur) vit dans le foie immense des sauropodes femelles et y pond des millions d'œufs. Ceux-ci se transforment en larves microscopiques appelées *procercaires*, qui s'insinuent dans les trompes utérines du sauropode dont elles infectent les œufs dès leur formation. Chaque procercaire se transforme en un sac contenant des douzaines de cercaires pendant la vie larvaire, stade auquel se forment des cocons dormants. Le parasite mourrait à ce stade si les œufs n'étaient pas consommés par une espèce précise d'*Ornitholestes*. Une fois ingérée par le prédateur, chacune des cercaires se métamorphose en métacercaires unicellulaires qui s'infiltrent dans le système sanguin de l'animal. Le stade final implique la mouche *Luisreya ginsbergi* qui vit de repas de sang prélevés dans les voies nasales de dinosaures. Le cycle se complète par la transmission d'un repas de sang infesté de parasites à un sauropode femelle, dans laquelle les métacercaires unicellulaires se développeront en vers gigantesques. Selon certains auteurs, le cycle de vie du parasite non seulement exploite mais renforce l'association entre *Ornitholestes* et les sauropodes; en fait, il pourrait être responsable de cette relation et avoir favorisé l'évolution d'un théropode plutôt généraliste en un voleur d'œufs spécialisé.

Une femelle *Ornitholestes* attend son compagnon dans une posture réceptive.

Dimorphisme sexuel chez *Ornitholestes*: la tête de la femelle (au-dessus) est glabre et ressemble à celle du vautour, tandis que celle du mâle est ornée de plumes aux couleurs vives.

	245 m	**Trias**	208 m	**Jurassique**	146 m	**Crétacé**	65 m
saurischiens							
théropodes							

Ornitholestes qui s'enfuit avec un œuf de Brachiosaurus.

L'animal fait preuve d'astuce dans ce signal visuel qui consiste à se dresser presque à la verticale sur le bout des pieds, en raidissant tout le corps et en rebroussant ses plumes pour sembler plus gros qu'il ne l'est en réalité, tandis qu'il ouvre les bras pour bien faire voir ses griffes.

CERATOSAURUS

Description : théropode de petite à moyenne taille
Taille : de 4 à 7 m du nez à la queue

Traits distinctifs : *Ceratosaurus* est un théropode qui chasse en bandes et qui se distingue par une tête à l'ornementation élaborée. De nombreuses espèces portent de grandes cornes nasales ainsi que des cornes placées devant les orbites ou au-dessus d'elles. Ces cornes sont invariablement de coloration vive. Chez *Ceratosaurus nasicornis* (illustré ici), les cornes sont rouge vif comme le sont en général le cou, le dos et la queue, tandis que les flancs sont rayés horizontalement de rouge sur fond gris terne. Il n'y a pas de plume, sauf chez les juvéniles et, pendant la saison des amours, chez les mâles sur lesquels elles deviennent ostentatoires et servent dans les arènes de parade. Le cycle de reproduction ressemble à celui d'*Allosaurus* comme à de nombreux autres théropodes contemporains de taille moyenne. Les crocs sont longs, même pour un théropode, et l'écart très large permet un mouvement tranchant de lames de couteau. Mâles et femelles tendent à s'accoupler pour la vie et établissent de nouveaux nids chaque année. Les poussins sont nidifuges, mais les parents en prennent soin pendant plusieurs mois après leur naissance et leur apprennent à chasser.

Détail des griffes.

Habitudes et habitat : *Ceratosaurus* chasse en bandes de trois ou quatre, habituellement du même sexe. Il préfère surprendre sa proie plutôt que de la poursuivre. Les iguanodontidés sont des proies relativement faciles, bien que *C. nasicornis* soit spécialiste de la chasse au dinosaure cuirassé, notamment *Stegosaurus armatus*, montré à la page suivante. Tout lent et borné que soit *Stegosaurus*, il devient féroce lorsqu'il est coincé, ce qui explique peut-être les cornes et la cuirasse protectrices de son principal persécuteur. Comme c'est le cas chez *Allosaurus*, il existe plusieurs espèces de *Ceratosaurus*, dont certaines des plus grandes se spécialisent dans la chasse aux sauropodes. *Ceratosaurus ingens*, d'Afrique, est beaucoup plus grand que *C. nasicornis* et ne se nourrit que de très grands sauropodes, tel *Brachiosaurus*.

La corne nasale plate de Ceratosaurus n'est qu'à l'état de bourgeon au moment de l'éclosion, mais l'aide tout de même à sortir de l'œuf.

Comme chez la plupart des théropodes, les poussins de Ceratosaurus sont couverts d'un plumage duveteux à coloration cryptique rayée ou marbrée. Ici, les poussins nidifuges chassent avec leur mère.

Grâce à ses crocs puissants (ci-dessous), à son cou trapu et au grand écart de ses mâchoires, Ceratosaurus peut infliger, à la manière des requins, des blessures terribles à sa proie en fuite.

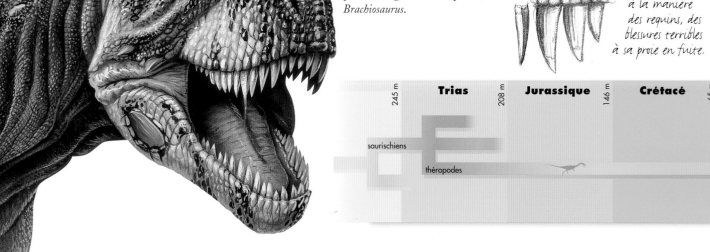

	Trias		Jurassique		Crétacé	
245 m		208 m		146 m		65 m
saurischiens						
théropodes						

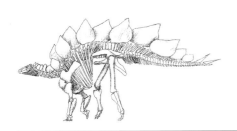

STEGOSAURUS

Description : grand dinosaure cuirassé
Taille : de 8 à 10 m du nez à la queue

Traits distinctifs : Le plus grand des dinosaures dits « cuirassés »,
Stegosaurus armatus (illustré ici) est un quadrupède lourd,
généralement vert bigarré, mais qu'on ne peut manquer vu la
double rangée de plaques osseuses recouvrant son dos. Disposées
en alternance, ces plaques ont une coloration et des motifs divers ;
on pense qu'elles permettent la différenciation spécifique et qu'elles
contribuent à briser la silhouette de l'animal lorsqu'il se déplace
lentement dans la végétation. La queue se termine par un faisceau
de quatre épines robustes que l'animal peut lancer en toute direction.
Les stégosaures vivent en petits groupes familiaux dominés par une
femelle matriarche, quoique leur organisation sociale soit moins
complexe que celle des sauropodes. Les groupes se rassemblent
annuellement dans les aires de rut et de reproduction où les
individus — surtout les mâles célibataires — se déplacent
entre les groupes de familles. La reproduction se fait en
coopération : les mâles et femelles les plus imposants font
office de sentinelles et gardent des douzaines de nids
comptant chacun de 10 à 12 œufs.

Habitudes et habitat : Cet herbivore paisible broute la
végétation basse et tendre aux abords des forêts et le long des berges
fluviales — partout, en fait, où se trouve une abondance de jeunes
pousses fraîches. Incidemment, le piétinement des hardes de
stégosaures crée les conditions favorables à l'épanouissement de
jeunes plants : les stégosaures ont tendance à se déplacer d'une aire
d'alimentation à une autre selon un cycle de trois à six mois, de sorte
que la végétation est toujours à son meilleur lorsque la harde atteint
un site donné. Le stégosaure avalera aussi tout rond des invertébrés,
des petits mammifères, des œufs ou un peu de charogne, qui seront
triturés dans le gésier. C'est pourquoi l'animal avale aussi du gravier
et des galets de rivière.

Stégosaurus perd une
épine de sa queue pour
parer à l'attaque de
Ceratosaurus.

Faisceau d'épines au
bout de la queue de
stégosaurus, vu d'en
haut.

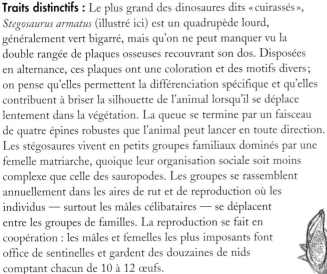

Un stégosaure mâle
en rut branle la queue,
se dresse sur ses pattes
postérieures et montre
la cuirasse de son cou,
parfois vivement colorée
pendant la saison des amours.
Ce croquis montre les os des membres
dessinés en superposition.

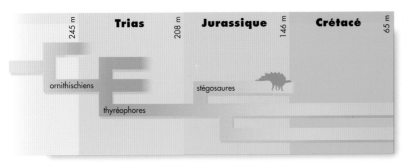

	Trias	Jurassique	Crétacé
245 m		208 m	146 m	65 m

ornithischiens

stégosaures

thyréophores

Pied arrière à trois doigts, et pied
du devant à quatre doigts, dont
deux seulement portent des griffes.

PAGE SUIVANTE : Trois *Ceratosaurus* encerclent lentement
stégosaurus, qui lève la queue pour se défendre.

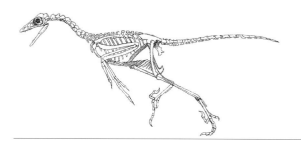

Femelle battant des ailes pour l'aider dans sa fuite vers le sommet d'un tronc d'arbre.

Détail des griffes de l'aile, et du pied adapté à la course.

ARCHAEOPTERYX

Description : petit théropode volant
Taille : de 30 à 60 cm du museau au cloaque

Traits distinctifs : Plusieurs espèces du dinosaure théropode à plumes *Archæopteryx* sont connues et ont chacune leurs coloration, habitudes et habitat. La description suivante porte sur *Archæopteryx lithographica* (illustré ici). Les plumes vont du bleu foncé au gris ardoise. Le museau est gris, les caroncules de la face sont vert malachite et le dessous, les pattes et les pieds sont rouges. En moyenne, les femelles sont légèrement plus lourdes que les mâles, mais le crâne de ces derniers est mieux garni de plumes. L'animal croît pendant toute la durée de sa vie, de sorte que la taille chez les deux sexes varie beaucoup avec l'âge. Il perche et se nourrit dans les forêts montagneuses pendant la saison sèche d'hiver et migre, à la fin du printemps, vers les forêts claires entourant les lacs et longeant les rivières où il se reproduit. Les paires sont habituellement monogames, encore qu'on ait observé la copulation à l'extérieur du couple dans les territoires de reproduction surpeuplés. Nichant au hasard des arbustes ou même sur le sol, un couple incubera de quatre à six œufs d'un bleu vif. Les oisillons nidifuges sont surtout blancs avec des marbrures noires ou brun chocolat. Ils s'emplument à trois mois et peuvent se reproduire après deux ans.

Habitudes et habitat : L'aire de dispersion tropicale et subtropicale d'*Archæopteryx* coïncide avec celui d'un certain nombre de théropodes, notamment *Compsognathus*, dont plusieurs portent des plumes, quoique *Archæopteryx* soit l'un des rares capable de voler. Toutefois, le vol n'est utilisé qu'avec réserve — plus énergiquement pour la parade et aussi dans les luttes territoriales en saison d'accouplement. Le plus caractéristique est cependant le vol en boucles intermittentes au-dessus des plans d'eau au crépuscule, alors que des volées d'*Archæopteryx* poursuivent les essaims de petits insectes, notamment les moucherons et moustiques.

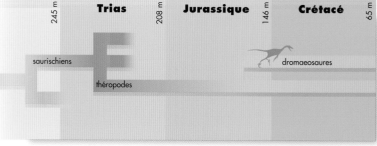

245 m	Trias	208 m	Jurassique	146 m	Crétacé	65 m
saurischiens					dromaeosaures	
	théropodes					

Tête de femelle (à gauche) et de mâle *A. lithographica.*

Une femelle couve les œufs d'un nid étalé dans un arbuste sous le regard du mâle.

Le mâle s'élance à la poursuite d'insectes en battant des ailes au-dessus d'un plan d'eau.

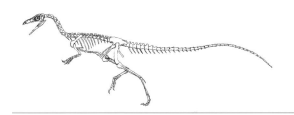

COMPSOGNATHUS

Description : petit théropode primitif
Taille : 1 m du museau au cloaque

Traits distinctifs : Voici un petit théropode à long museau et à très longue queue. Mâles et femelles sont de la même taille mais d'apparences différentes. Les mâles portent des plumes noires proéminentes sur la tête et le long de la ligne médiane, jusqu'au milieu du dos, et le reste du corps est couvert d'un motif tacheté. Les femelles sont d'une teinte uniforme, jaunâtre ou brune, et ne portent pas de plumes. Les animaux se trouvent invariablement en grandes volées. Au printemps, pendant la saison des amours, les mâles construisent des tonnelles avec des feuilles, des cônes et de petits objets brillants (coccinelles, écailles de poisson, et ainsi de suite) ; ils se pavanent bruyamment dans ces arènes devant un auditoire de femelles. Des nichées de six à huit œufs sont couvées par les deux sexes, et les oisillons sont nidifuges. *Compsognathus* est un reproducteur coopératif, c'est-à-dire qu'il n'est pas rare d'observer les mâles à la parade aux côtés de leurs fils et d'autres parents mâles du clan, ni de trouver plusieurs individus juvéniles ou préreproducteurs en train d'aider à couver les œufs.

Comparaison du mâle et de la femelle : la crête et la coloration pie du mâle (au-dessus) contraste avec le plumage brun uniforme de la femelle.

Habitudes et habitat : Dispersé dans les forêts marécageuses des basses terres et la brousse, *Compsognathus* n'est jamais bien loin de plans d'eau dont il exploite les invertébrés et petits poissons. Sur terre, il attrape de petits mammifères et des lézards, de même que les œufs et les poussins des oiseaux qui nichent au sol. Les voyageurs dans l'Europe du Jurassique devraient toujours s'attendre à trouver à leur suite une ribambelle de ces créatures curieuses et intelligentes ; ils devraient aussi faire attention à ne pas perdre de petits objets qui brillent. Des descriptions récentes portant sur les tonnelles de *Compsognathus* signalent la présence d'objets exotiques, par exemple des montres-bracelets, des emballages de sucreries, de la monnaie, des caméras numériques et, dans un cas, une grenade de surprission encore intacte.

Compsognathus vu de face, avec dans le bec, le petit lézard Bavarisaurus.

Main à trois doigts de Compsognathus.

Compsognathus à la poursuite d'un petit mammifère.

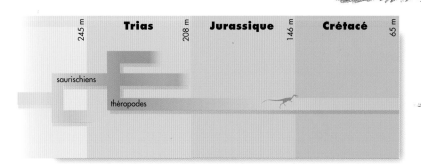

	245 m	**Trias**	208 m	**Jurassique**	146 m	**Crétacé**	65 m
saurischiens							
théropodes							

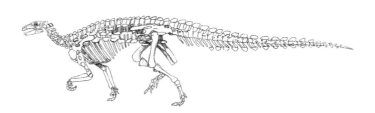

SCELIDOSAURUS

Description : petit théropode primitif
Taille : de 2,5 à 4,5 m du nez à la queue

Traits distinctifs : Ce dinosaure cuirassé à la charpente relativement légère est d'un bleu gris uniforme. La surface dorsale est protégée de sept rangées parallèles de scutelles gris pâle. Le cuir entre les scutelles est coriace et fibreux. *Scelidosaurus* est soit un animal solitaire, soit trouvé en couples établis depuis longtemps. Il n'y a pas de saison des amours et, certaines années, les animaux ne se reproduisent pas du tout, ce qui est inhabituel chez les dinosaures. Occasionnellement, ils produisent deux couvées au cours d'une année, chacune comptant quatre ou cinq œufs dont pas plus de deux arriveront au stade de l'éclosion. Les jeunes accompagnent les adultes pendant quatre ou cinq ans avant de s'aventurer seuls dans la vie. Il leur faudra dix ans de plus pour atteindre la maturité. Cette stratégie prudente donne à penser que les animaux vivent jusqu'à un âge avancé. En fait, on estime que certains d'entre eux ont plus de 200 ans. Chez les animaux âgés, il arrive que les scutelles tombent et soient remplacées, mais de nouvelles s'y ajoutent alors. Les animaux âgés comptent des rangées supplémentaires de scutelles sur le dos, le cou et la tête, leur queue en étant entièrement couverte, ce qui leur donne plutôt l'apparence d'un ankylosaure.

Habitudes et habitat : Ce dinosaure fréquente typiquement les forêts extrêmement denses et marécageuses des basses terres ainsi que les mangroves, rivières et estuaires où il se nourrit d'herbes, de nénuphars, de vers et d'escargots. Il nage bien mais lentement, un peu comme un alligator végétarien à moitié endormi. Il peut demeurer complètement submergé pendant plusieurs minutes, et certains reportages assurent qu'il marche sur le fond fluvial. Animal timide et secret, il n'a pas beaucoup de prédateurs, sauf les grands crocodiles et, à l'occasion, un pliosaure errant en amont de la mer.

Main montrant les deux seuls doigts qui entrent en contact avec le sol. La griffe du premier doigt est retroussée et les 4ᵉ et 5ᵉ doigts, plus petits, ne sont pas griffés.

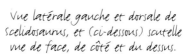

Vue latérale gauche et dorsale de scelidosaurus, et (ci-dessous) scutelle vue de face, de côté et du dessus.

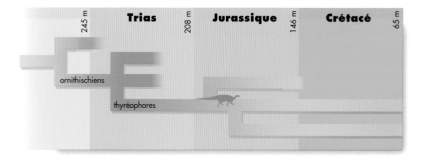

BRACHIOSAURUS

Description : grand sauropode
Taille : de 20 à 32 m du nez à la queue

Traits distinctifs : L'un des plus grands dinosaures, ce sauropode est beaucoup plus gros que ses contemporains *Diplodocus* et *Mamenchisaurus*. Les pattes du devant sont plus longues que celles de derrière, ce qui donne au dos une pente accentuée, et le cou est tenu plus souvent à la verticale qu'à l'horizontale. La couleur de la peau va du gris au gris brun, avec des marbrures brunes sur la tête, le cou, l'échine et les épaules. Des caroncules rouges sur le front se gonflent pendant la vocalisation. À l'instar de nombreux sauropodes, cet animal est fortement grégaire, mais chez les brachiosauridés, par contre, ce sont les mâles qui dominent. La harde est formée du mâle, de son harem d'une dizaine de femelles et de la progéniture, auxquels s'associent vaguement les mâles subalternes de la parenté. La dominance du mâle alpha est mise au défi au printemps, alors que les subalternes tentent de le renverser dans une parade menaçante qui peut se révéler extrêmement violente. On conseille aux observateurs de dinosaures de se tenir à bonne distance pour éviter d'être assourdis, écrasés ou les deux à la fois. Ces combats sont suivis de l'accouplement, presque aussi spectaculaire (et dangereux) que la lutte. Les femelles pondent de 10 à 12 œufs, qu'elles disposent sans soins particuliers, mais qu'elles couvrent de végétaux et dont elles assurent la garde.

Habitudes et habitat : Les hardes de *Brachiosaurus* migrent entre les aires d'alimentation des forêts de conifères des hautes terres et les aires de reproduction de la forêt-parc à plus basse altitude. Ces animaux se nourrissent constamment de feuilles et de cônes jeunes et tendres, mais comme ces aliments sont relativement pauvres en nutriments, l'animal doit en consommer des quantités phénoménales chaque jour. L'effet d'une grande harde de sauropodes sur l'environnement est désastreux. La harde doit constamment se déplacer pour que ses membres puissent se nourrir et que la forêt ait la chance de se régénérer. *Brachiosaurus* a peu d'ennemis, sauf les petits théropodes tels que Ornitholestes, qui volent ses œufs, et les grands théropodes nocturnes comme *Allosaurus maximus*. Toutefois, une attaque de théropodes est un événement rare, et la principale menace pesant sur le mâle adulte *Brachiosaurus* est un autre mâle adulte *Brachiosaurus*.

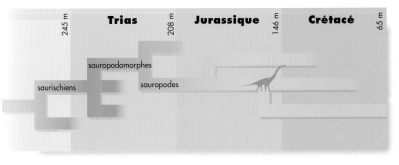

| 245 m | Trias | 208 m | Jurassique | 146 m | Crétacé | 65 m |

saurischiens

sauropodomorphes

sauropodes

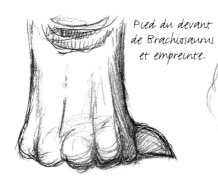

Pied du devant
de Brachiosaurus
et empreinte.

Dent de
Brachiosaurus
en forme de feuille.

Vue latérale
de la tête de
Brachiosaurus.

Individu immature
Tuojiangosaurus;
épines et plaques sont
relativement
petites.

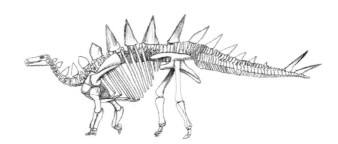

Tête de Tuojiangosaurus (en bas) par comparaison à celles de deux autres dinosaures cuirassés, Hesperosaurus (au-dessus) et Huayangosaurus (au milieu).

TUOJIANGOSAURUS

Description : dinosaure cuirassé de moyenne à grande taill
Taille : de 6 à 8 m du nez à la queue

Traits distinctifs : Moins lourd et plus foncé que *Stegosaurus*, son contemporain, *Tuojiangosaurus* porte 15 paires de plaques triangulaires disposées en deux rangées sur le dos. Ces plaques sont plus étroites, plus longues et plus épineuses que celles de *Stegosaurus*. Elles sont placées en rangées symétriques, plutôt qu'en alternance comme chez *Stegosaurus*. La queue porte deux paires de très longues épines, et chaque épaule est armée d'une épine énorme. Autre différence par rapport à *Stegosaurus*, dont les plaques servent peut-être au camouflage et à la reconnaissance des individus d'une espèce, chez *Tuojiangosaurus*, les plaques très pointues et d'un gris profond uniforme ont une fonction défensive. Ce dinosaure est généralement de couleur terne, ses rayures alternant du gris au brun pourpre. Ces animaux vivent seuls ou en petits groupes, sans véritable structure sociale. L'accouplement est opportuniste : la couvée de six à huit œufs est déposée dans un nid gratté à même le sol, couverte de végétaux pourrissants, puis abandonnée.

Habitudes et habitat : Cette créature timide et surtout nocturne est à demi aquatique, car elle se nourrit de graminées et de plantes arbustives poussant le long des berges fluviales et dans la forêt marécageuse. Comme tous les stégosaures, c'est un omnivore opportuniste qui déterre les vers, attrape de petits poissons et des crustacés et mange de la charogne. Son habitat densément boisé et aqueux le protège des grands théropodes tels que *Yangchuanosaurus* — danger auquel il s'expose pendant la saison de l'accouplement et la pondaison dans les terres plus hautes et plus sèches, ou lorsqu'il migre vers de nouvelles aires d'alimentation. Toutefois, peu d'animaux arrivent à passer outre au rempart de ses plaques et de ses épines, en particulier lorsqu'il prend la position défensive dans laquelle celles-ci sont pointées vers l'attaqueur.

Tuojiangosaurus en suspens. Attaqué par une paire de Yangchuanosaurus, le stégosaure s'accroupit sur ses pattes de devant comme un porc-épic et se défend à l'aide des épines sur ses épaules et de sa queue menaçante qu'il bat férocement d'un côté à l'autre.

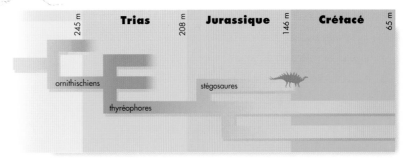

245 m	Trias	208 m	Jurassique	146 m	Crétacé	65 m

ornithischiens

stégosaures

thyréophores

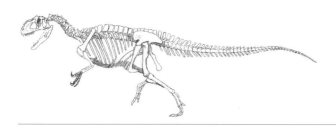

YANGCHUANOSAURUS

Description : grand théropode
Taille : de 9 à 12 m du nez à la queue

Traits distinctifs : Plus grand que son contemporain *Ceratosaurus* et bâti sur une charpente plus solide que celle de son proche parent *Allosaurus fragilis*, *Yangchuanosaurus* est aussi plus vivement coloré que l'un et l'autre, ses rayures horizontales alternant du jaune or au vert émeraude vif. Chez les mâles, la tête est ornée de scutelles osseuses élaborées, généralement de couleur or. Un peu plus petites, les femelles sont plus ternes, et leur ornement crânien est moins proéminent. À l'instar d'*Allosaurus*, cette créature est monogame, une paire élevant deux ou trois petits à chaque période de nidification. Les poussins sont recouverts d'un plumage duveteux, dense et d'un gris neutre. Cette vie de famille suit ce qui est sans doute la plus spectaculaire des parades nuptiales de tous les théropodes. Juste avant la reproduction, les mâles développent un pelage serré bleu paon, une impressionnante collerette duveteuse et, sur les bras, les cuisses et la queue, des atours fantastiques de plumes iridescentes, semblables à celles du paon. Ils ne se nourrissent pas pendant cette période, et se chargent de la plupart des corvées parentales tandis que les femelles chassent en petits groupes de deux ou trois individus. Le plumage de parade mue rapidement et fournit le matériau idéal pour construire un nid.

Habitudes et habitat : *Yangchuanosaurus* aime vivre en petits groupes dans les basses terres boisées et s'installer dans des bocages isolés sur des berges ou des monticules servant à la fois de sites de nidification, de postes de guet et de foyer que quittent les femelles pour aller chasser d'autres dinosaures. Plus lourds que *A. fragilis*, ces animaux ont une charpente convenant davantage à l'embuscade soutenue qu'à la poursuite. Ils se spécialisent dans la chasse aux grands sauropodes, tels que *Mamenchisaurus*, encore qu'ils attaquent à l'occasion le stégosaure *Tuojiangosaurus*. Dans ce dernier cas, ils doivent appliquer une stratégie de coopération selon laquelle deux théropodes se placent devant le stégosaure afin de monopoliser son attention. Pendant que la proie adopte sa position menaçante pour les intimider, un troisième théropode l'attaque par derrière, mordant dans la région vulnérable du cloaque à la base de la queue.

Une bande de Yangchuanosaurus attaquent Mamenchisaurus qu'ils ont fait tomber dans un marais.

	Trias		Jurassique		Crétacé	
245 m		208 m		146 m		65 m

saurischiens

allosaures

théropodes

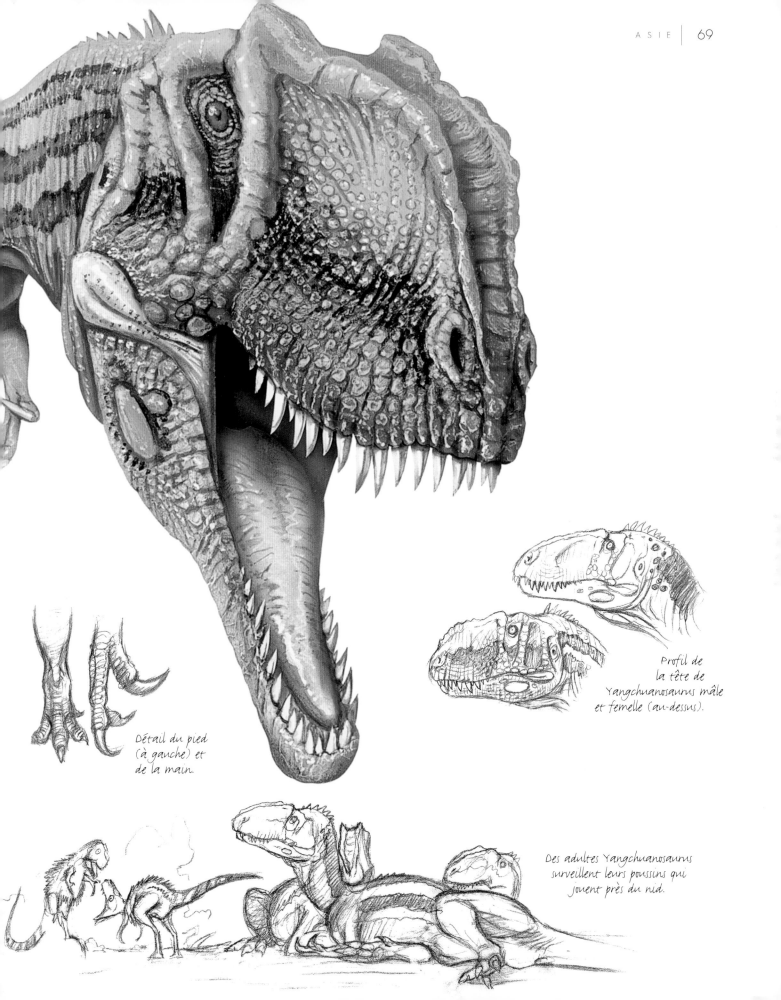

Détail du pied
(à gauche) et
de la main.

Profil de
la tête de
Yangchuanosaurus mâle
et femelle (au-dessus).

Des adultes Yangchuanosaurus
surveillent leurs poussins qui
jouent près du nid.

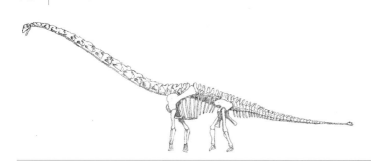

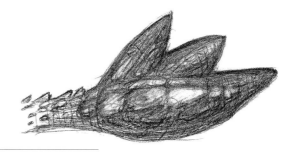

MAMENCHISAURUS

Description : sauropode à long cou
Taille : de 20 à 26 m du nez à la queue

Traits distinctifs : Cet animal ressemble à *Diplodocus* quant à sa charpente relativement légère et à son extrême longueur. Le cou semble bien trop long et d'une épaisseur disproportionnée à la minceur du corps. La queue se termine par une massue osseuse, et il arrive qu'une crête de plaques surélevées longe la ligne médiane du corps. Les membres et les flancs sont gris marbré ; par contraste, l'échine, les parties supérieures du corps, le cou et la queue sont gris anthracite ou noirs. Ces deux régions sont séparées par une ligne écarlate courant de la mâchoire jusqu'au milieu de la queue. Très sociable, *Mamenchisaurus* se trouve habituellement dans de grandes hardes comptant jusqu'à 100 individus répartis dans un ou deux clans matriarcaux. Les mâles célibataires forment des groupes moins nombreux et rejoignent les grandes hardes au moment de la reproduction. La ponte de quelque 10 à 20 œufs est disposée en spirale, couverte de végétaux et surveillée jusqu'après l'éclosion. Les jeunes grandissent très vite et sont en mesure de suivre les déplacements de la harde dès le début de l'été.

Habitudes et habitat : Ces dinosaures se trouvent surtout à proximité de l'eau, dans le fond des vallées et dans les plaines inondables, où leur taille leur permet de brouter loin dans les marais et jusque dans les eaux libres. La taille et la sociabilité signifient qu'ils ont peu d'ennemis. Seuls quelques théropodes, tels que *Yangchuanosaurus*, sont assez grands pour les attaquer ; le cas échéant, les sauropodes forment un cercle défensif autour de la harde et balancent leur queue à massue, technique très efficace pour repousser l'adversaire. *Mamenchisaurus* est aussi un bon nageur, ce qui lui procure un autre moyen de fuir ses prédateurs. Cette aptitude explique sans doute la présence occasionnelle de sauropodes sur les îles au large des côtes.

Détail de la massue au bout de la queue.

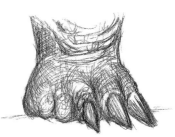

Gros œuf sphérique de Mamenchisaurus.

Détail du pied.

La queue à massue osseuse du sauropode est une arme défensive formidable.

Mamenchisaurus nage au large; à l'arrière-plan, des plésiosaures encerclent un banc de poissons.

Vue latérale de la tête, et dent isolée.

245 m		Trias	208 m	Jurassique	146 m	Crétacé	65 m

sauropodomorphes

saurischiens · sauropodes

Le Crét

Il y a de 146 à 100 millions d'années

acé

inférieur et moyen

ACROCANTHOSAURUS

Description : grand théropode
Taille : de 8 à 12 m du nez à la queue

Traits distinctifs : Ce grand théropode aux couleurs vives, aux mouvements lents et à l'intelligence exceptionnellement réduite, se nourrit exclusivement de charogne. Sa voile distinctive, une extension des vertèbres cervicales, pourrait faire croire qu'il est parent avec *Spinosaurus*. À vrai dire, l'animal est apparenté de bien plus près à *Allosaurus* ou au «requin terrestre», *Carcharodontosaurus*. Leur odorat est fortement développé, mais la vue et l'ouïe sont médiocres. Ils trouveront la charogne à des kilomètres de distance, comme d'ailleurs le compagnon d'accouplement si, bien entendu, celui-là se trouve déjà sur place. Habituellement solitaires, ces bêtes se chamaillent pour la charogne, s'accouplent sans conviction ni élégance, puis quittent la scène. Au contraire de la plupart des dinosaures terrestres, *Acrocanthosaurus* porte ses petits, qui sont nourris dans une enveloppe ressemblant au placenta. Remarquablement précoces, les petits s'enfuient dès la naissance. Ce comportement offre un avantage relatif puisque les mort-nés ou les rejetons trop lents sont immédiatement dévorés par la mère.

Acrocanthosaurus en posture exploratoire (vu de face). Les mâchoires ouvertes ne dénotent pas un comportement d'intimidation — l'animal ne fait que humer l'air à l'aide de l'organe de Jacobson, situé à l'arrière de la bouche.

Habitudes et habitat : N'eût été d'une extraordinaire bizarrerie de la biologie dinosaurienne, ces animaux seraient d'un gris terne uniforme. Leur motif habituel à taches et à rayures rouges et vertes est la source de leur odeur, qu'on a décrite soit comme «les déchets d'un abattoir restés trop longtemps au soleil», ou encore comme «un drain bouché par des œufs pourris». Leur prédilection pour la viande avariée les a exposés aux infections d'une brochette de bactéries, dont plusieurs ont développé une étroite association avec le charognard et ont établi des colonies sur sa peau, en particulier celle du visage, du dos et de la voile, d'où la coloration unique de la bête. L'arôme bactérien particulier diffère d'un individu à l'autre, chacun dégageant sa propre odeur. Ces différences ont pu influencer le manque de discernement dans le choix du compagnon et peut-être même la spéciation. Certains chercheurs soupçonnent que l'infection bactérienne est nécessaire au développement des vertèbres allongées et de la voile, où se trouvent le plus gros des colonies de bactéries, et que les animaux non infestés sont incapables d'atteindre la maturité sexuelle et de se reproduire.

Détail de la main montrant la griffe proéminente du pouce.

Acrocanthosaurus et de petits théropodes dévorent la carcasse bien pourrie du sauropode *Pelorosaurus*, mort pendant la migration de la harde qu'on aperçoit à l'arrière-plan.

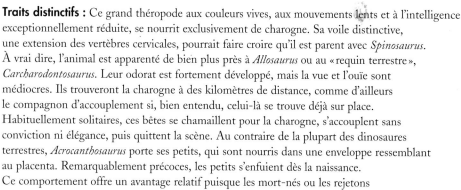

	245 m	Trias	208 m	Jurassique	146 m	Crétacé	65 m
saurischien				allosaures			
		théropodes					

L'empreinte d'Acrocanthosaurus est typique du théropode à trois orteils.

Vue latérale de la tête et du cou, ainsi que des épines neurales allongées des vertèbres cervicales.

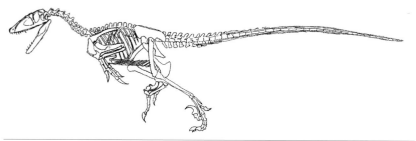

DEINONYCHUS

Description : théropode chassant en bandes
Taille : 3 m du nez à la queue

Traits distinctifs : L'animal a une griffe redoutable au deuxième orteil, des bras relativement longs et une mâchoire à grand écart. Les deux sexes sont de taille semblable, encore que les femelles soient un peu plus lourdes. Les mâles se distinguent par leurs traits de parade évidents, y compris une crête à plumes. La couleur varie du havane clair au gris foncé en passant par le brun chocolat et comprend parfois des marbrures ; de nombreux individus ont le ventre plus clair ainsi que de petites taches foncées sur la tête et les membres antérieurs. La coloration du mâle s'avive à la saison de la reproduction alors que les caroncules et la région du cloaque rosissent, que la crête varie ses couleurs et que des franges de parade, rayées de blanc et de noir, apparaissent sur les bras. *Deinonychus* construit ses nids à même le sol, aux abords des aires de nidification d'ornithopodes. Les poussins portent des marbrures ou des rayures, un pelage duveteux et, sur les bras et la queue, des plumes qui disparaissent à la maturité.

Habitudes et habitat : Cette créature vit dans les boisés dégagés ou la plaine inondable, à la suite des hardes d'ornithopodes, notamment *Iguanodon* et *Tenontosaurus* ou, plus rarement, de sauropodes. L'attaque se fait en bande de trois à six individus qui débusquent leur proie avec une vitesse étonnante et la prennent en chasse au besoin, la fatiguant lentement en lui infligeant des taillades répétées de leur grande griffe. *Deinonychus* peut grimper aux arbres en quête de lézards et d'autres petits vertébrés, mais il évite l'eau. Ce dinosaure est extrêmement dangereux.

Les deux parents couvent de gros œufs qui vont du crème au bleu sarcelle, jusqu'à l'éclosion, 28 jours au plus après la ponte.

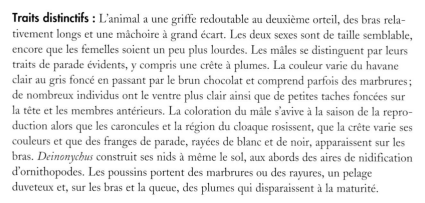

	Trias		Jurassique		Crétacé	
245 m		208 m		146 m		65 m

saurischiens

dromaeosaures

théropodes

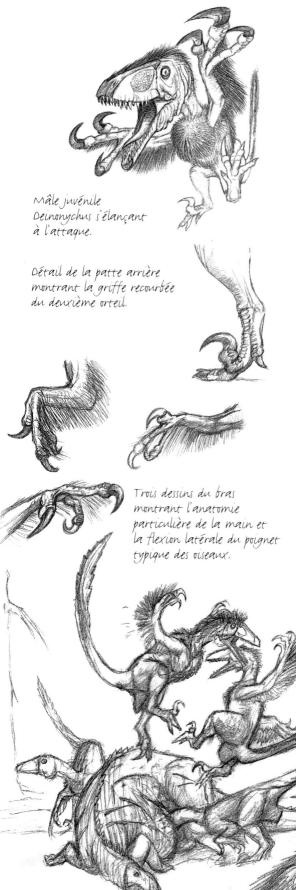

Mâle juvénile *Deinonychus* s'élançant à l'attaque.

Détail de la patte arrière montrant la griffe recourbée du deuxième orteil.

Trois dessins du bras montrant l'anatomie particulière de la main et la flexion latérale du poignet typique des oiseaux.

Le plumage de parade du mâle
(à l'arrière) contraste avec la
tête glabre et les traits plus
lourds de la femelle à
l'avant-plan.

Des mâles se disputent la
carcasse de Tenontosaurus
sous les regards d'une
femelle.

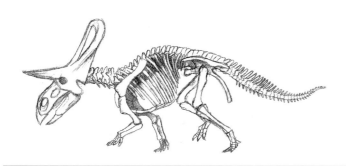

ZUNICERATOPS

Description : petit cératopsien
Taille : de 2,5 à 4 m du nez à la queue

Traits distinctifs : Ce petit cératopsien a un très long museau armé d'un os rostral distinctif qui descend vers le bec jusqu'à se confondre avec la mandibule. Les os de la joue font saillie vers l'extérieur et se terminent en petites cornes. Il porte au-dessus des yeux des cornes brunes proéminentes (c'est le plus ancien des cératopsiens connus à afficher ce trait), et une collerette large et ornée. Le pourtour et le pli central de la collerette sont vert jaunâtre, avec des scutelles vertes bombées et des cornes accessoires aux coins postérieurs. Le centre est sans support, et son contour est orange vif, en particulier chez les mâles en rut pendant la saison de la reproduction (illustrés sur la page de droite), le reste du corps est épais et trapu. Ces animaux forment de grandes hardes (de 50 à 100 individus), dont les mâles, moins nombreux, concourent pour les faveurs des femelles. Toutefois, un seul mâle ne saurait avoir accès à toutes les femelles ; les mâles se battent donc sporadiquement pendant l'année pour s'assurer la dominance, le rut du printemps étant particulièrement intense. Les femelles nichent collectivement ; elles aménagent des tertres avec du sable et des végétaux pourris et y pondent leurs œufs ensemble.

Habitudes et habitat : *Zuniceratops* préfère un milieu boisé, soit la forêt marécageuse ou la forêt-parc dégagée où il peut brouter les buissons, les arbustes et les cônes ou encore déchirer l'écorce des arbres morts pour y trouver des vers et des insectes. À l'occasion, il mangera de la charogne. Toutefois, il erre souvent sur d'autres territoires, et les hardes ont tendance à migrer vers des aires semi-désertiques pour la saison du rut. *Zuniceratops* est la proie de nombreux théropodes, qu'il combat avec une grande férocité. Un animal solitaire ne survivra habituellement pas à l'attaque d'un grand théropode ou d'une paire de plus petits, mais si toute la harde est attaquée, elle forme une phalange défensive dont certains individus peuvent charger les théropodes et les obliger à fuir.

Zuniceratops récupérant une carcasse de théropode.

Étude comparative de têtes de cératopsiens

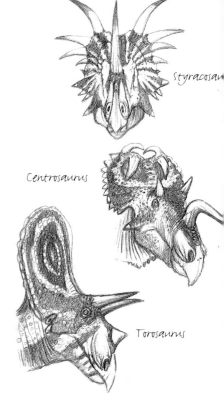

Styracosaurus

Centrosaurus

Torosaurus

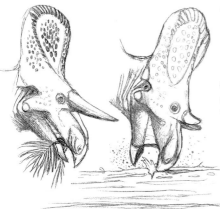

Zuniceratops arrachant du feuillage (à gauche) et creusant l'écorce d'un arbre (à droite).

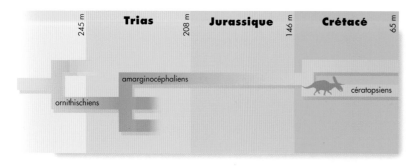

	Trias	Jurassique	Crétacé
245 m	208 m	146 m	65 m

amarginocéphaliens

ornithischiens

cératopsiens

Un petit Zuniceratops éclot du nid en forme de tertre, typique de ce dinosaure.

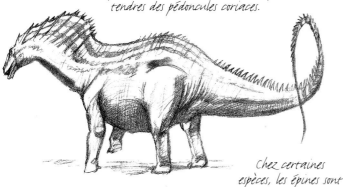

Le mouvement de râteau des mâchoires permet d'arracher les feuilles et pousses tendres des pédoncules coriaces.

Chez certaines espèces, les épines sont entoilées dans une double voile, qui se colore vivement pendant la reproduction.

AMARGASAURUS

Description : sauropode de taille moyenne
Taille : 10 m du nez à la queue

Traits distinctifs : Ce dinosaure ne peut être confondu avec quelque autre animal en raison de la double rangée d'épines, longues et épaisses, qui longe son cou et son dos. Chez certaines espèces, les épines sont soudées par une membrane en une sorte de voile (voir le croquis à gauche). *Amargasaurus* a des pattes relativement fines en forme de piliers ainsi qu'une petite tête carrée. Les pattes, les flancs et le ventre vont du brun au rouge, tandis que les épines et la voile varient du gris au noir. Les femelles sont de 5 à 10 % plus lourdes que les mâles, mais leur couleur est plus terne et leurs épines sont moins longues. Les poussins, fortement nidifuges, éclosent sans épines, lesquelles n'atteignent leur pleine longueur qu'au stade de la maturité sexuelle.

Habitudes et habitat : *Amargasaurus* vit en petits groupes dans la forêt-galerie et broute en plus grand nombre dans la plaine basse lors de la saison annuelle du rut et de la nidification. Les mâles utilisent les épines du cou pour la parade et dans le combat qui s'ensuit parfois afin d'établir les privilèges du sultan sur un groupe de femelles. Le reste de l'année, les animaux vivent dans des groupes familiaux dominés par la femelle. Généralement herbivore, l'espèce préfère les cônes et les tissus fibreux, mais se nourrit à l'occasion d'invertébrés, de charognes ou d'os. On les voit parfois mêlés à des hardes de sauropodes (particulièrement variées en ce moment en Amérique du Sud) et de petits théropodes appelés *abélisaures*, prédateurs distinctifs des continents austraux.

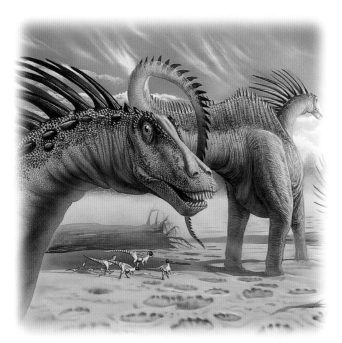

Dent en forme de fiche.

Les œufs blanc crème, un peu plus gros qu'un pamplemousse, se distinguent par leurs pores ouverts.

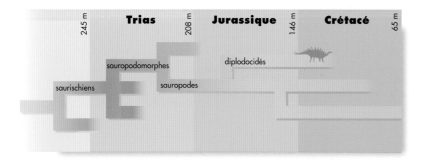

	245 m		208 m		146 m		65 m
		Trias		**Jurassique**		**Crétacé**	
		sauropodomorphes		diplodocidés			
saurischiens			sauropodes				

Pied d'Amargasaurus.

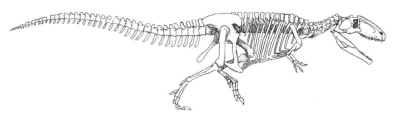

GIGANOTOSAURUS

Description : grand théropode
Taille : de 13 à 15 m du nez à la queue

Traits distinctifs : L'un des plus grands prédateurs de tous les temps, cette créature féroce ressemble superficiellement à un tyrannosauridé, mais s'en distingue par ses crêtes faciales élaborées, une armée de scutelles osseuses, les trois (plutôt que deux) doigts de sa main et le fait qu'il a quatre orteils (et non pas trois), comme chez les théropodes plus évolués. Très semblables, les mâles et les femelles ont la tête et les flancs vert émeraude, couleur qui se dégrade au gris brun sur le ventre. *Giganotosaurus* est plus grand que *Tyrannosaurus*, du Crétacé supérieur, et sa taille se compare à celle de son proche parent africain *Carcharodontosaurus*. Des petites bandes familiales de *Giganotosaurus*, habituellement dominées par un grand mâle, suivent les hardes de sauropodes en migration et nichent aux abords des colonies de sauropodes. Le mâle dominant insémine un certain nombre de femelles de son harem, dont chacune élève deux ou trois poussins, lesquels sont nidicoles, c'est-à-dire relativement peu développés à la naissance. L'apport de sang frais est assuré par l'arrivée de mâles célibataires qui tentent de détrôner le mâle dominant et y arrivent à l'occasion. La plupart des activités de chasse sont assurées par les femelles.

Habitudes et habitat : Ces chasseurs spécialisés ont la taille et le muscle requis pour attaquer les plus grands des sauropodes titanosauridés. Les bandes de *Giganotosaurus* suivent les hardes de diverses espèces de sauropodes, mais sont particulièrement associées à *Argentinosaurus*. D'une longueur variant de 35 à 45 mètres, ce dernier est sans doute le plus grand animal ayant jamais existé. Trois ou quatre *Giganotosaurus* agissant de conserve peuvent coincer un *Argentinosaurus* et le vaincre par la ruse et l'astuce, plutôt que par la vitesse. Toutefois, un seul *Giganotosaurus* ne fait pas le poids avec *Argentinosaurus*, qui peut écraser à mort entre ses bras un prédateur moins subtil, ou l'assommer d'un coup de sa queue en forme de fouet.

Giganotosaurus triomphe avec, entre ses mâchoires massives, une patte d'Argentinosaurus.

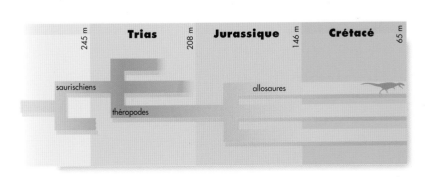

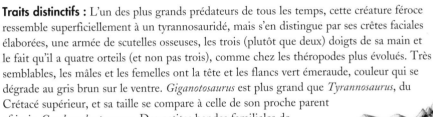

245 m	**Trias**	208 m	**Jurassique**	146 m	**Crétacé**	65 m

saurischiens

allosaures

théropodes

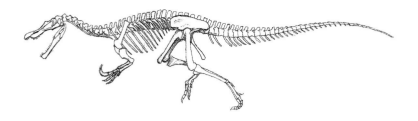

BARYONYX

Description : grand théropode semi-aquatique
Taille : de 9 à 12 m du nez à la queue

Traits distinctifs : Cet animal a le crâne allongé et étroit des crocodiles et ressemble en cela à ses cousins, *Suchomimus* et *Spinosaurus*. On comparera l'énorme griffe (30 cm) terminant le premier doigt de la main aux griffes de théropodes apparentés de loin tels que *Deinonychus*. Le mâle, montré dans l'illustration principale, est vivement coloré. La femelle est un peu plus lourde que le mâle mais de couleurs plus ternes et sans la crête crânienne rouge. Habituellement solitaires, ces animaux occupent de vastes territoires ou zones de pêche. Mais dès qu'approche le rut du printemps, les frontières territoriales disparaissent tandis que mâles et femelles cherchent à s'accoupler, formant des rassemblements spectaculaires de 20 à 30 individus, parmi lesquels les mâles se font la concurrence pour obtenir les faveurs des femelles. Les animaux des deux sexes construisent d'énormes barrages de végétaux sur des îlots, ou de roches dans les cours d'eau ; les femelles y pondent deux ou trois œufs et mâles et femelles se relaient pour incuber la couvée. Comme il vit près de la mer, *Baryonyx* construit son nid sur les plages soulevées, souvent au sein de roqueries de ptérosaures. Les petits sont nidifuges et portent un camouflage de plumes duveteuses aux motifs bruns qu'ils perdent avant de quitter le nid.

Habitudes et habitat : Jamais trouvé bien loin de l'eau, chaque animal défend le bras de la rivière ou la partie de plage dont il a fait son territoire. Pour se nourrir, il patauge en eau peu profonde et piège dans sa mâchoire des poissons tels que *Lepidotes*. Bien qu'il soit renommé pour sa consommation de poissons — c'est le héron des dinosaures —, il attrape tout animal aquatique, y compris les tortues, placodontes, plésiosaures et crocodiles. Il mange aussi de la charogne, y compris les carcasses d'autres dinosaures. À l'occasion un pliosaure géant échoué sur la plage attirera plusieurs *Baryonyx* de très loin et des luttes féroces s'ensuivront pour affirmer le droit de charogne.

Une paire de Baryonyx lance une attaque en pince contre deux Iguanodon juvéniles.

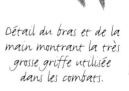

Détail du bras et de la main montrant la très grosse griffe utilisée dans les combats.

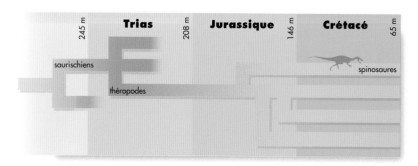

Vue latérale de la tête de Baryonyx illustrant comment les mâchoires s'imbriquent pour piéger le poisson.

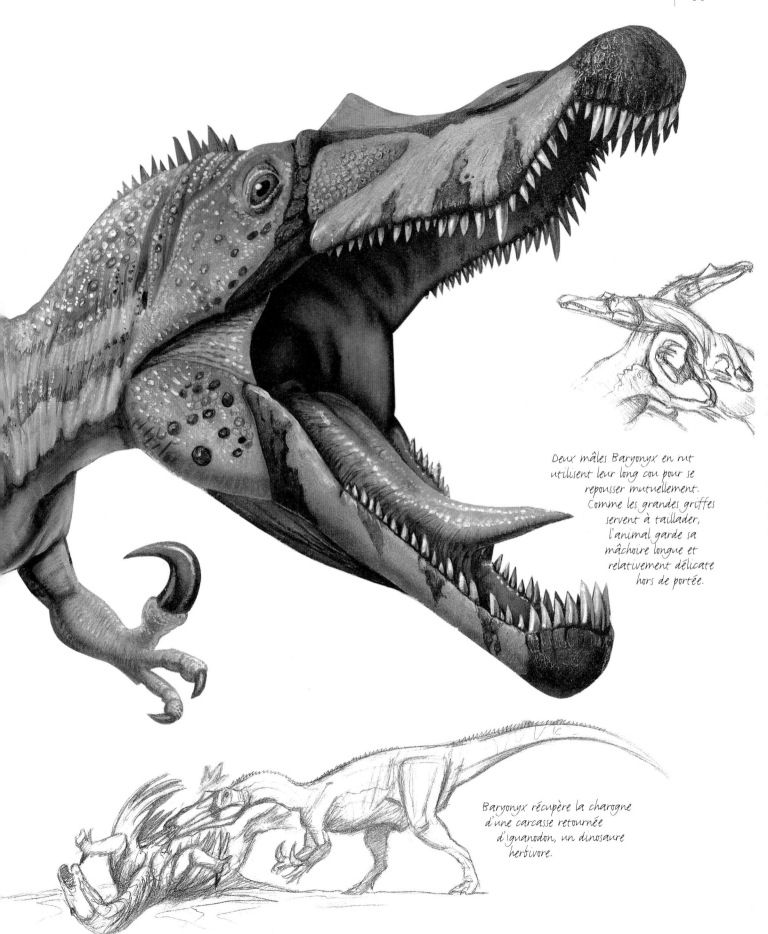

Deux mâles Baryonyx en rut
utilisent leur long cou pour se
repousser mutuellement.
Comme les grandes griffes
servent à taillader,
l'animal garde sa
mâchoire longue et
relativement délicate
hors de portée.

Baryonyx récupère la charogne
d'une carcasse retournée
d'iguanodon, un dinosaure
herbivore.

Tête d'Eotyrannus.

Tête d'un poussin d'Eotyrannus.

EOTYRANNUS

Description : théropode de petite à moyenne taille
Taille : de 4 à 5 m du nez à la queue

Traits distinctifs : Ce théropode à charpente légère possède une tête extraordinairement grosse aux mâchoires rectangulaires qui semble disproportionnée avec la silhouette gracile et élancée de l'animal — trait étrange qui se révèle en définitive une caractéristique clé de l'écologie de ce dinosaure. La tête distinctive est aussi une indication des liens de parenté, car *Eotyrannus* est l'un des membres les plus anciens d'un groupe qui produira plus tard des géants tels *Tyrannosaurus* et *Tarbosaurus*. La peau dénudée de la tête et des jambes est de couleur or fondant au gris. Le corps et le cou sont revêtus d'un pelage de plumes fibreuses, souvent dans un motif de taches brunes ou noires sur fond blanc ou jaune, à la manière du léopard. Les mâles et les femelles produisent une couvée de cinq à six œufs, et les poussins sont invariablement tous du même sexe. Les poussins ont un plumage très épais, qui comporte des plumes de contour à longues nervures aux avant-bras, comme en porte le préreproducteur de l'illustration principale. Sauf ceux qui sont extrêmement âgés, tous les animaux conservent leur livrée duveteuse. Chez les tyrannosaures, le plumage tend à se réduire jusqu'à ce qu'on ne le trouve plus que chez les poussins dans les grandes formes du Crétacé supérieur. L'extrapolation de cette tendance en sens inverse a donné lieu à des spéculations voulant que les tyrannosaures descendent de créatures ayant porté un plumage toute leur vie — autrement dit, les oiseaux primitifs.

Habitudes et habitat : Prédateur intelligent bien adapté à la poursuite, *Eotyrannus* forme des bandes qui vivent aux abords des énormes hardes d'*Hypsilophodon* et d'autres ornithopodes, tel *Iguanodon*, trouvés dans le Crétacé moyen d'Europe. L'association avec *Hypsilophodon* est aussi intéressante en ce que l'algue symbiotique responsable des caractéristiques sexuelles des ornithopodes a une fonction semblable chez *Eotyrannus*. Le prédateur ne peut être infecté qu'en consommant la chair vive d'*Hypsilophodon*, en particulier d'un mâle mature et féroce. Une fois ingérée par le tyrannosaure, l'algue entraîne des distorsions dans la croissance de l'animal rendant la tête plus grosse et plus rectangulaire. Les tyrannosaures du Crétacé supérieur ont une grosse tête sans le bénéfice de telles symbioses. Il est possible que dans les millions d'années de l'évolution du tyrannosaure — entre le Crétacé moyen et le Crétacé supérieur — le génome de l'algue soit devenu le plus grand génome des tyrannosaures évolués. Cela figure parmi les questions intéressantes que tente de résoudre le projet du génome de *Tyrannosaurus rex* (TREGPO) en cours.

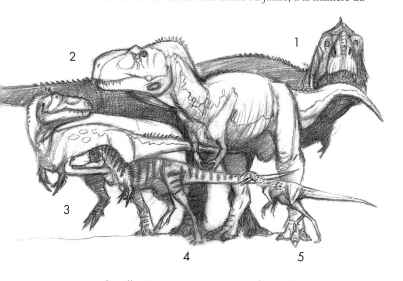

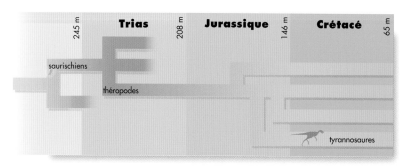

La famille des tyrannosaures est très variée et comprend : 1. *Tyrannosaurus rex*; 2. *Daspletosaurus*; 3. *Alioramus*; 4. *Nanotyrannus*; et 5. *Eotyrannus*

| | | 245 m | **Trias** | 208 m | **Jurassique** | 146 m | **Crétacé** | 65 m |

saurischiens

théropodes

tyrannosaures

Main de Eotyrannus montrant les longues plumes de l'avant-bras.

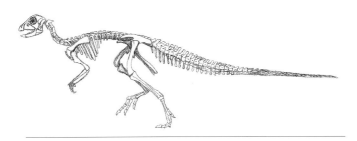

HYPSILOPHODON

Description : petit dinosaure ornithopode
Taille : de 1,5 à 3 m du nez à la queue

Traits distinctifs : Ce petit ornithopode aux couleurs vives est très répandu. Mâles et femelles semblent identiques, sauf à la saison de reproduction. Tout le reste de l'année, les deux sexes ont la tête et les flancs d'un vert presque fluorescent, tandis que la queue est rayée de barres vertes évidentes. Pendant la saison printanière de la reproduction, les mâles portent une petite crête de plumage bleu, et leurs grands yeux, habituellement jaunes comme ceux des femelles, deviennent d'un rouge foncé et menaçant. Cette couleur rouge est attribuable, croit-on, à un sous-produit métabolique du symbionte (algue) dinoflagellé libéré en réaction aux hormones mâles. La robe vert vif de l'animal est attribuée à ce même partenaire microscopique. Les femelles préfèrent les mâles aux yeux très rouges, une caractéristique qui assure la propagation tant du dinosaure que de l'algue. La même algue joue aussi un rôle dans la vie de *Eotyrannus*, l'un des principaux prédateurs d'*Hypsilophodon*. L'accouplement se fait au hasard, et les femelles nichent collectivement : les nids sont gardés par des pelotons de mâles patrouilleurs. La taille même du groupe empêche l'endogamie, car des hardes de plus de 1000 individus ont été signalées, et selon certaines anecdotes, il y en aurait de plus importantes encore. Les juvéniles sont d'un gris terne avant que le symbionte ne les infecte. L'on a observé des animaux quasi albinos, donc résistants à l'infection, mais ils sont extrêmement rares. Les doigts des pieds et des mains n'ont pas été consolidés en coussinets ressemblant à des mitaines comme chez les plus grands ornithopodes. La main compte tous les cinq doigts, encore que le quatrième et le cinquième ne soient qu'à l'état de bourgeons. Chaque pied a quatre orteils griffés.

Un groupe d'Hypsilophodon fuit un Baryonyx dans un désordre soigneusement orchestré pour créer le maximum de confusion, ce qui montre l'intelligence collective de l'espèce.

Hypsilophodon mâle en posture d'intimidation, montrant son bec tranchant.

Habitudes et habitat : Ces animaux sont souples et s'adaptent à la plupart des habitats, que ce soit la forêt marécageuse à basse altitude ou les hautes terres arides, encore qu'ils préfèrent la plaine et les pentes boisées. Ces «chèvres» du Crétacé se nourrissent de pratiquement tout type d'aliments, qu'ils déchiquètent à l'aide de leurs dents protubérantes et de leur bec aiguisé. Plusieurs naturalistes ont signalé un trait déconcertant de ce dinosaure : en dépit d'une intelligence qui ne dépasse guère la moyenne, l'intelligence collective de nombreux animaux réunis semble surnaturelle comme en témoignent leurs réactions coordonnées à la vitesse de l'éclair devant une menace ou l'arrivée de congénères ou de proies.

Vue latérale de la tête.

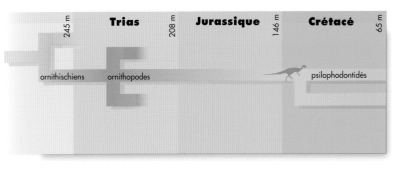

PAGE SUIVANTE : Un Eotyrannus en maraude surprend une harde d'Hypsilophodon.

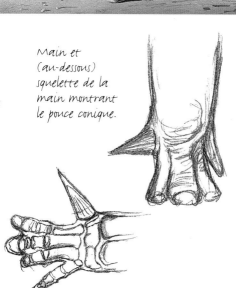

IGUANODON

Description : grand ornithopode
Taille : de 6 à 10 m du nez à la queue

Traits distinctifs : Les parties supérieures de ce grand ornithopode sont de couleur gris anthracite se dégradant jusqu'au blanc crémeux sur les flancs et le ventre. L'animal porte une crête ornementale et des sacs érectiles qui sont rouge vif chez *Iguanodon mantelli*, illustré ici. À noter la grosse pointe conique du pouce de même que le bec bleu gris, corné et proéminent. Comme la plupart des ornithopodes, *Iguanodon* est très grégaire et se trouve invariablement en grandes hardes de plusieurs centaines d'individus. La parade d'accouplement est bruyante et violente, alors que les mâles gonflent leurs sacs érectiles, hululent et foncent les uns sur les autres, zébrant l'air de leur pouce dont la pointe se révèle parfois fatale. Les mâles s'accouplent avec autant de femelles que possible, et les femelles incubent des couvées nombreuses dans des roqueries collectives. Néanmoins, la paternité n'est pas indifférente, car les spermes des divers mâles se font concurrence pour accéder aux ovules dans le système reproductif de la femelle. Ce phénomène appelé «concurrence séminale» peut entraîner des résultats inhabituels car certains types de sperme sont fortement toxiques pour la femelle. Ces effets se reflètent dans le cycle de vie d'*Iguanodon*, puisqu'un mâle prospère atteint la maturité sexuelle à cinq ans et peut vivre de 60 à 70 ans. Les femelles, cependant, ne parviennent qu'à la moitié de cet âge encore que celles dont le cycle de vie est le plus court tendent, paradoxalement, à pondre le plus grand nombre d'œufs.

Tête d'Iguanodon juvénile.

Habitudes et habitat : Dans la période du Crétacé, *Iguanodon* est l'équivalent du Model-T de Ford. Largement répandu dans tous les milieux, le genre s'étend sur une très longue période, et tout visiteur du Crétacé inférieur ou moyen d'Europe ou d'Amérique du Nord est pratiquement certain d'observer plus d'une des 27 espèces d'*Iguanodon* ayant été décrites. Le régime alimentaire de *I. mantelli* est typique de celui du genre. Il se nourrit de végétaux fibreux et coriaces, écrasés à la cueillette et triturés par les bactéries dans un estomac complexe qui ressemble à celui des ruminants.

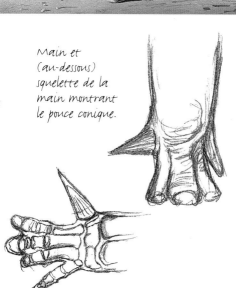

Main et (au-dessous) squelette de la main montrant le pouce conique.

Séparé de la harde, un Iguanodon subit l'attaque de quelques Deinonychus sous le regard d'autres membres de la harde.

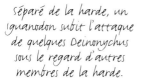

	Trias	Jurassique	Crétacé	
245 m		208 m	146 m	65 m

ornithischiens   ornithopodes

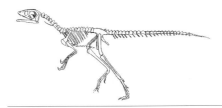

Tête de juvénile montrant la nuque et le cou duveteux.

Ce poussin avait à peine une heure lorsqu'il est mort.

SCIPIONYX

Description : petit théropode
Taille : de 1 à 1,5 m du nez à la queue

Traits distinctifs : Typique de nombreuses formes de petits théropodes trouvés tout au long du Mésozoïque, *Scipionyx samniticus* (seule espèce de son genre) est répandu dans une tranche restreinte du Crétacé moyen d'Italie. Ce que la créature présente d'inhabituel, voire d'unique parmi les dinosaures, c'est qu'elle est une parthénogène obligatoire. Cela signifie que les femelles se reproduisent sans l'intervention de mâles, lesquels sont inconnus. Les adultes, toutes des femelles, sont brun rouge et portent sur le tronc et le cou un plumage tacheté et clairsemé. Leur museau, cependant, arbore une riche couleur or, qui contraste avec leurs grands yeux rouge foncé. De petits groupes d'adultes nichent parmi les joncs des berges boueuses à proximité des cours d'eau, chaque femelle produisant une couvée d'exactement huit œufs qui éclosent en cinq jours seulement — temps record pour tout dinosaure. Les poussins sont des octuplés, produits de la fission d'un seul œuf — et en même temps, ils sont génétiquement identiques à la mère. Ils ont de grands yeux ambre, une tête rouge vif et un duvet épais et tacheté. Ils sont nidifuges, donc capables de bouger et de chasser indépendamment quelques heures après l'éclosion, quoique la mère (et d'autres femelles du groupe) leur apporte des petites proies pendant un ou deux jours, comme le montre l'illustration. Les jeunes croissent rapidement et sont en mesure de produire leur propre couvée moins d'une semaine après l'éclosion, mais ils vivent rarement plus de deux mois. La petite taille du dinosaure adulte, ainsi que des traits particuliers, comme ses grands yeux, indiquent la protérogénèse, soit la tendance à atteindre la maturité sexuelle alors que l'animal en est encore au stade juvénile.

Habitudes et habitat : *Scipionyx* habite les boisés denses ou dispersés en bordure des cours d'eau, en particulier près des coudes et des lacs peu profonds qui contiennent une abondance de proies éphémères. Toutefois, *Scipionyx* niche et se reproduit aussi à proximité des carcasses de grands dinosaures où la femelle et sa progéniture se nourrissent de la chair et des insectes qui prisent la charogne. La concentration sur un approvisionnement à si court terme pourrait avoir entraîné le développement de la parthénogenèse, ce qui constitue une manière efficace pour une espèce d'exploiter des ressources riches mais fugaces. Une seule femelle *Scipionyx* peut produire plus de 4000 petites en un mois et demi, mais la vaste majorité d'entre elles succomberont à la prédation. Les espèces parthénogénétiques sont extrêmement vulnérables au cumul des mutations génétiques, ce qui pourrait expliquer le caractère unique de *S. samniticus*, ainsi que sa portée relativement étroite dans le temps et l'espace géographique.

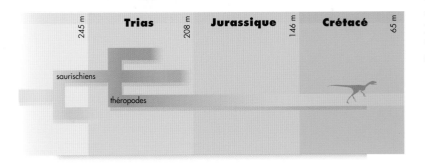

	Trias		Jurassique		Crétacé	
245 m		208 m		146 m		65 m

saurischiens

théropodes

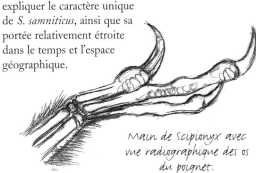

Main de Scipionyx avec vue radiographique des os du poignet.

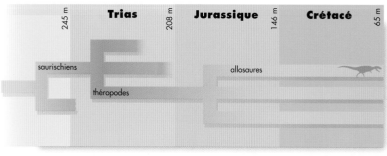

Trias · 245 m · 208 m · Jurassique · 146 m · Crétacé · 65 m

saurischiens

allosaures

théropodes

Tête d'Ornithocheirus, un ptérosaure pestilentiel souvent trouvé à proximité des sites de nidification et des zones létales de Carcharodontosaurus.

CARCHARODONTOSAURUS

Description : grand théropode
Taille : de 8 à 14 m du nez à la queue

Traits distinctifs : L'un des plus grands prédateurs de tous les temps, *Carcharodontosaurus* est apparenté à *Allosaurus* et au théropode d'Amérique du Sud *Giganotosaurus*. Pourvus d'une tête énorme sur un corps immense et épais, ces animaux font penser à des tyrannosauridés, bien qu'ils s'en distinguent assez facilement par leurs grands bras et leurs mains à trois doigts. Mâles et femelles sont d'apparence identique : la tête, les flancs et la queue sont verdâtres; cette couleur tourne au rouge sur le ventre, et ils portent un blindage élaboré autour des yeux et sur la tête. Les mâles et les femelles s'accouplent pour la vie et produisent une couvée de deux ou trois œufs par année. Les parents partagent les devoirs de l'incubation et élèvent les petits ensemble, leur enseignant les techniques de la chasse. Les poussins sont recouverts d'un duvet épais, camouflage de plumes tachetées vert et brun, qu'ils perdent après quelques semaines.

Habitudes et habitat : Fréquentant des milieux variés, *Carcharodontosaurus* chasse les tortues, les crocodiles, les ornithopodes tels que *Ouranosaurus*, et les sauropodes de petite ou de moyenne taille, par exemple *Aegyptosaurus* (illustration principale) et *Paralititan*. Ce comportement le distingue de *Giganotosaurus*, dont la prédilection pour la chasse aux très grands sauropodes a déterminé son mode de vie grégaire et son habitude de chasser en bandes.

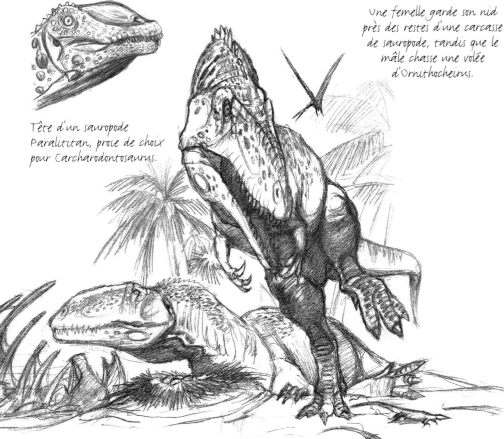

Une femelle garde son nid près des restes d'une carcasse de sauropode, tandis que le mâle chasse une volée d'Ornithocheirus.

Tête d'un sauropode Paralititan, proie de choix pour Carcharodontosaurus.

OURANOSAURUS

Description : ornithopode à voile dorsale
Taille : de 6 à 8 m du nez à la queue

Traits distinctifs : Seul ornithopode muni d'une voile — peau tendue sur les épines vertébrales —, *Ouranosaurus* n'est semblable à aucun autre dinosaure. De couleur mauve à pourpre, il porte des rayures verticales jaune brun, en particulier sur la voile, laquelle est surmontée d'une frange de fibres denses qui ressemblent davantage à des épines de porc-épic qu'aux plumes des théropodes, et qui sont semblables aux épines que *Psittacosaurus* (non apparenté) porte sur la queue. La tête est longue et le museau se transforme en un bec corné. Les caroncules de la face se gonflent pour hausser les vocalisations. Comme chez la plupart des ornithopodes, la structure sociale d'*Ouranosaurus* est élaborée, les animaux vivant en grandes hardes pouvant compter 200 individus. Le mâle et la femelle ne forment pas un couple stable, chacun s'accouplant avec des partenaires multiples choisis habituellement, mais pas exclusivement, au sein du clan immédiat. Les femelles nichent sur le sol dans d'énormes roqueries, qui dominent le paysage et couvrent plusieurs kilomètres carrés. Chaque femelle pond de quatre à six œufs et garde souvent, en plus, un nid adjacent au sien.

Habitudes et habitat : Cette créature vit dans les arbustaies dégagées et semi-arides où la végétation est basse et clairsemée. Comme chez *Spinosaurus*, la voile sert surtout à régler la température du corps, bien qu'elle soit utilisée dans la parade en vue de l'accouplement ou pour intimider en donnant une impression de corpulence supérieure. *Ouranosaurus* ressemble superficiellement aux hadrosaures, mais il est apparenté de plus près aux ornithopodes comme *Iguanodon*. Bien que ce dinosaure se nourrisse de végétaux, de préférence les pousses jeunes et tendres, il tire la plupart de son alimentation du sous-sol. Comme son odorat est très développé, il flaire les invertébrés, champignons et racines tendres, qu'il déterre avec le bec et l'épine du pouce. Il s'en prend aussi aux petits mammifères, aux oiseaux nicheurs, aux ptérosaures et aux œufs, et avale du sol en quantité pour l'aider à triturer son régime varié dans le gésier, aussi bien que pour rehausser l'apport en minéraux.

Ouranosaurus en mode de parade bruyant gonfle les sacs érectiles de la gorge et du nez.

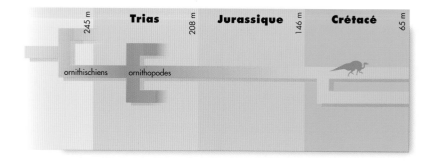

		Trias		Jurassique		Crétacé	
	245 m		208 m		146 m		65 m
	ornithischiens		ornithopodes				

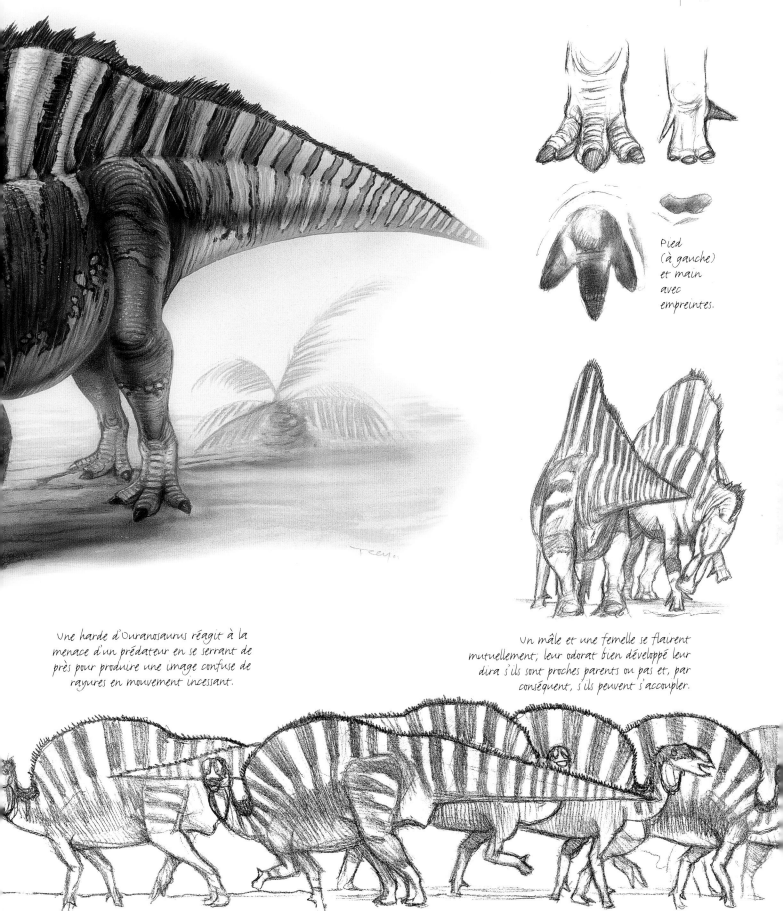

Pied
(à gauche)
et main
avec
empreintes.

Une harde d'Ouranosaurus réagit à la
menace d'un prédateur en se serrant de
près pour produire une image confuse de
rayures en mouvement incessant.

Un mâle et une femelle se flairent
mutuellement; leur odorat bien développé leur
dira s'ils sont proches parents ou pas et, par
conséquent, s'ils peuvent s'accoupler.

Tête de spinosaurus montrant l'écart des mâchoires et la collection de dents de types et de longueurs variés.

SPINOSAURUS

Description : très grand théropode à voile dorsale
Taille : de 11 à 20 m du nez à la queue

Traits distinctifs : L'un des plus grands théropodes ayant jamais existé, *Spinosaurus* est plus long que *Tyrannosaurus* et que son contemporain *Carcharodontosaurus*, mais plus légèrement charpenté. Sa grande taille est mise en valeur par la voile de son dos, peau tendue sur des épines vertébrales qui s'allongent sur deux mètres ou plus. Comme chez tous les spinosaures, par exemple l'espèce un peu plus primitive *Baryonyx*, la tête est longue mais moins profonde que celle de nombreux théropodes et se termine en un museau allongé ressemblant à celui du crocodile. La coloration terne (brun gris) de l'animal contraste avec sa forme spectaculaire. Ces créatures sont habituellement solitaires, mais s'accouplent au printemps et incubent une couvée de un à trois œufs dans de grands nids aménagés dans les dunes. Après que les poussins ont grandi, la famille se disperse. Comme chez les théropodes en général, les poussins portent des plumes ; lorsqu'ils sont menacés, leur duvet havane ou brun leur permet de se fondre dans leur environnement sablonneux.

Habitudes et habitat : *Spinosaurus* vit sur le littoral semi-aride ou aride de la côte ouest de l'océan Téthys et de l'Atlantique naissant. Les variations de température dans cet environnement sont parfois extrêmes, et la voile enrichie de vaisseaux sanguins sert à conserver la température du corps de l'animal dans les limites du tolérable. *Spinosaurus* chassent activement de petits plésiosaures et ptérosaures égarés, des tortues et de gros poissons comme le cœlacanthe (voir l'illustration de la page de droite). Il patauge dans la mer sur quelque distance en quête de nourriture, utilisant ses longues mâchoires et ses griffes puissantes pour attraper ses proies.

Un spinosaurus attaque un plésiosaure étendu sur les rochers à la manière du phoque.

Collection de dents de Spinosaurus.

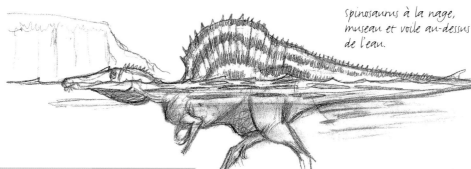

Spinosaurus à la nage, museau et voile au-dessus de l'eau.

		Trias		Jurassique		Crétacé	
	245 m		208 m		146 m		65 m

saurischiens

spinosaures

théropodes

Le coelacanthe fait typiquement partie du régime alimentaire de Spinosaurus.

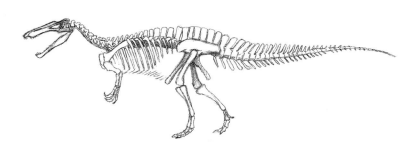

suchomimus vu de face.

SUCHOMIMUS

Description : grand théropode marin
Taille : de 10 à 15 m du nez à la queue

Traits distinctifs : On peut considérer cette créature comme la version africaine, plus aquatique et un peu plus grande, de son proche parent, *Baryonyx*. Les mâchoires de *Suchomimus*, comme celles de *Baryonyx*, sont très longues, effilées et munies vers le bout du museau de petites dents pointues qui s'imbriquent pour retenir les poissons. Par comparaison à son cousin nordique, *Suchomimus* est plus robuste et moins vivement coloré ; son corps est plus épais, ses scutelles dermiques sont plus prononcées, sa peau va du gris bleu au rougeâtre, et ses griffes sont vraiment massives. Il est aussi beaucoup moins sociable que *Baryonyx* et vit invariablement en solitaire. On pense que les mâles et les femelles se rencontrent et s'accouplent en mer, et que leurs œufs, comme ceux des tortues, sont déposés sur les plages d'îles lointaines.

Habitudes et habitat : *Suchomimus* passe beaucoup de temps à la chasse en pleine mer, où il attrape des tortues, des ptérosaures et du poisson. Des cicatrices faciales et des blessures à la face et aux pattes du devant observées chez des individus âgés témoignent de luttes contre des mosasaures et des plésiosaures, bien que *Suchomimus* ne puisse jamais l'emporter en férocité sur les grands pliosaures. L'illustration principale montre les hasards de la pêche en eau peu profonde : le faux crocodile est attaqué par un vrai, spécimen de 30 mètres de long du crocodile marin *Chthonosuchus lethei*.

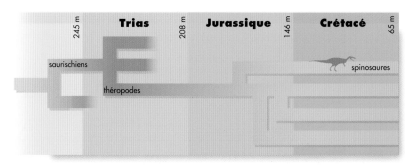

Un suchomimus pataugeant en eau peu profonde remarque des crocodiles aux aguets.

245 m	**Trias**	208 m	**Jurassique**	146 m	**Crétacé**	65 m
saurischiens						spinosaures
théropodes						

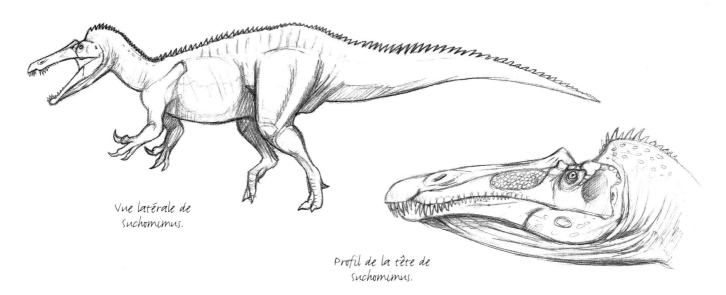

Vue latérale de
Suchomimus.

Profil de la tête de
Suchomimus.

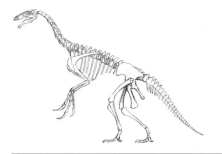

Tête de Beipiaosaurus vue de profil, montrant le museau étroit et allongé et le bec.

BEIPIAOSAURUS

Description : théropode omnivore de petite à moyenne taille
Taille : de 2 à 4 m du nez à la queue

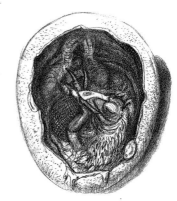

Œuf de Beipiaosaurus contenant un embryon presque à terme.

Traits distinctifs : Ce dinosaure bipède singulier a une toute petite tête analogue à celle d'un oiseau, un cou long et gracieux rattaché à un corps dodu et ventripotent que soutiennent des jambes solides. Sauf pour le bas des pattes et le ventre armé d'écailles rondes et épaisses, l'animal est entièrement vêtu d'un pelage blanc et fourni. La main à trois doigts est armée de griffes énormes. *Beipiaosaurus* fait partie d'un groupe de théropodes largement modifiés qu'on appelle thérizinosaures et dont le spécimen ultime est le spectaculaire *Therizinosaurus* du Crétacé supérieur. On notera en particulier le pied à quatre orteils caractérisant les thérizinosaures et qui aurait eu pour ancêtre un théropode, dont le pied n'avait que trois orteils. Les mâles et les femelles sont presque identiques pour ce qui concerne la taille et la couleur. Bien qu'ils s'assemblent en volées plutôt nombreuses, les mâles et les femelles s'accouplent pour la vie. La femelle pond environ tous les deux ans une seule couvée de trois ou quatre œufs, dont un seul a des chances d'éclore. Le groupe de l'illustration principale est formé d'un couple reproducteur (à l'avant) et d'un petit de trois ans (à l'arrière-plan) qui n'a pas encore acquis les marques faciales bleues distinguant les adultes.

Habitudes et habitat : Cette créature fréquente habituellement les lieux densément boisés, où elle se nourrit d'insectes et d'autres invertébrés extirpés de l'écorce d'arbres morts, de charogne, de champignons et de détritus. Une variété d'oiseaux et de dinosaures ressemblant à des oiseaux trouvés dans le Crétacé moyen du Nord de la Chine explique la popularité pérenne de l'endroit chez les naturalistes. L'illustration principale montre (au centre) *Beipiaosaurus* poursuivi par une bande d'*Egovenator*, petits théropodes dromaeosauridés ; (dans les coins supérieurs) *Confuciusornis* paré de longues plumes à la queue ; (dans le coin droit inférieur) une paire de *Caudipteryx* nicheurs, oviraptorosaures à plumes .

Grande volée de près de dix Beipiaosaurus, ressemblant à des oies gigantesques.

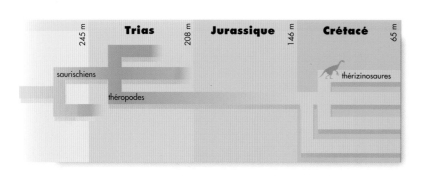

		245 m	**Trias**	208 m	**Jurassique**	146 m	**Crétacé**	65 m

saurischiens

théropodes

thérizinosaures

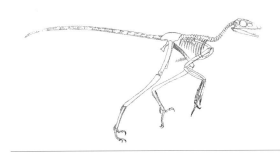

Les œufs bien camouflés sont insérés la pointe en bas dans des interstices étroits; ils peuvent rouler mais pas tomber.

Pied bien adapté pour grimper aux arbres, muni de longues griffes, recourbées et acérées facilitant la préhension.

Plume à lames de la queue, des bras et des jambes (à gauche) et plume isolante du corps (à droite).

Détail de la tête exposant le crâne; le long museau permet de prendre les chenilles et autres insectes sur les feuilles.

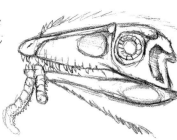

Deux ou trois poussins seulement survivront d'une couvée de six à huit œufs.

MICRORAPTOR

Description : petit théropode à plumes vivant dans les arbres
Taille : 30 cm du nez à la queue

Traits distinctifs : Au début, il est difficile de distinguer de loin ce dinosaure de l'oiseau *Confuciusornis* : bien que les deux portent une très longue queue, *Microraptor* est plus petit dans l'ensemble et il ne vole pas. Les deux sexes sont munis d'un pelage épais et cryptique. Les yeux sont frangés de poils noirs. Les orteils des pieds de derrière permettent à la bête de se percher et portent de longues griffes, effilées et recourbées. Les mâles et les femelles semblent identiques. Il est difficile d'observer les nids et les poussins, car les animaux nichent très haut dans le couvert forestier ou encore dans les creux de troncs d'arbres.

Habitudes et habitat : Ce dinosaure fréquente les marécages des basses terres subtropicales et la forêt tropicale humide. On peut le trouver en solitaire, en petits groupes ou en très grandes assemblées hautement vocales, aussi appelées « parlements ». Le jacassement criard d'une congrégation de *Microraptor* est un son propre aux forêts denses des basses terres en Asie orientale. Son régime alimentaire est omnivore : les animaux attrapent des insectes, d'autres petits vertébrés comme les mammifères *Zhangheotherium* et *Jeholodens*, les poussins et les œufs d'autres dinosaures vivant dans les arbres, ainsi que des oiseaux. *Microraptor* a un faible pour les fruits de plantes florifères telles que *Archaeofructis*, qui croît abondamment sur les berges fluviales abritées de la région. On trouve aussi dans le même habitat des dinosaures théropodes tels que *Sinosauropteryx*, *Sinornithosaurus*, *Caudipteryx* et *Protarchaeopteryx*. Ils portent tous des plumes, et bien que certains aient l'habitude de percher, aucun n'est aussi petit que *Microraptor*.

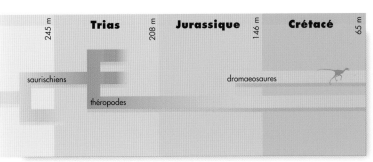

245 m	**Trias**	208 m	**Jurassique**	146 m	**Crétacé**	65 m

saurischiens

dromaeosaures

théropodes

PSITTACOSAURUS

Description : cératopsien bipède primitif
Taille : de 80 cm à 2,5 m

Traits distinctifs : Facile à confondre avec un hypsilophodontidé un peu lourdaud, cette créature inhabituelle est en fait issue du stock qui a donné naissance par la suite à des dinosaures tels que *Protoceratops*, *Zuniceratops* et *Triceratops*. Contrairement à ces dinosaures plus évolués, *Psittacosaurus* est surtout bipède et étonnamment rapide, compte tenu de son gros ventre et de son apparence corpulente. Petite et ronde, la tête est distinctive et se termine par un bec ressemblant à celui d'un perroquet (d'où le nom de l'animal). Une corne émerge de chaque joue. L'observateur ne manquera pas de remarquer la rangée de longues extrusions ressemblant à des pennes qui court sur l'arête supérieure de la queue. Chacune de ces pennes se termine par une pointe fine, incurvée et acérée, et par un petit réservoir de venin qui explose au contact. Les mâles et les femelles, de coloration brun rouge, se ressemblent de près. Ils tendent à vivre en solitaires, ne s'accouplant qu'au hasard des rencontres dans la forêt touffue caractérisant leur habitat. La femelle pond cinq ou six œufs dans des nids peu profonds aménagés parmi des racines d'arbres, et les petits accompagnent la mère jusqu'à l'âge adulte. Les poussins sont vêtus d'un pelage bigarré, et leur aptitude à s'enfuir en courant très vite au fin fond de la forêt est leur principal moyen de défense.

Habitudes et habitat : Ces animaux se trouvent invariablement dans les parties les plus denses et les plus touffues de la forêt tropicale, où ils se spécialisent dans la cueillette des fruits et des noix de plantes florifères primitives. *Psittacosaurus* est un excellent nageur, si bien qu'on le trouve parfois dans les lacs et rivières de la jungle, où il cueille des graminées, des escargots et d'autres invertébrés. Devant un prédateur, par exemple *Sinovenator* (voir l'illustration de la page suivante), les mouvements de sa queue font bon effet. Les pennes barbelées que mord le prédateur sont difficiles à déloger de la bouche avant que chacune ait déversé son contenu irritant de phénols et de quinones toxiques, sous l'effet de la chaleur d'une réaction chimique associée au rejet de la penne par l'animal. Les pennes perdues sont remplacées par de nouvelles qui croissent à la base.

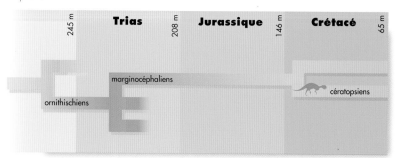

Détail des pennes de la queue.

Deux mâles s'intimident mutuellement en faisant étalage de leur queue à pennes.

Devant la menace, Psittacosaurus se redresse, ouvre grand les mâchoires et étale les pennes venimeuses de sa queue.

Psittacosaurus, vu de face. À noter la tête large qu'accentuent les cornes des joues et l'étroitesse relative du bec.

	Trias		Jurassique		Crétacé	
245 m		208 m		146 m		65 m

marginocéphaliens

cératopsiens

ornithischiens

Femelle Sinovenator à la
poursuite d'un mâle
Confuciusornis.

SINOVENATOR

Description : petit théropode
Taille : de 1,8 à 2,6 m du nez à la queue

Traits distinctifs : Ce petit théropode très vivement coloré est un membre primitif du groupe remarquable qu'on appelle les troödontidés. Les femelles (voir l'illustration au verso) porte sur la face, le cou, les bras, le corps et la queue un pelage fourni vert émeraude que ponctuent des taches rouge vif frangées de noir. Les pattes et le ventre sont gris terne. La coloration des mâles est encore plus vive, mais les motifs, différents de celui des femelles, changent d'un individu à l'autre. Paons préhistoriques, ces animaux sont habituellement couverts de plumes ; en outre, la tête, les bras et la queue arborent de longues pennes ornées. Les mâles se pavanent devant les femelles dans les arènes de parade, habituellement dans une clairière ensoleillée au milieu d'une forêt profonde, et montrent une palette de couleurs qu'un observateur a comparée au « mardi gras à Rio ». Un tel plumage ne convient guère à la chasse, de sorte que les mâles se chargent seuls d'incuber la couvée de six ou de sept œufs pondus par la femelle, qui doit pourvoir à la nourriture. La chasse implique souvent plusieurs femelles œuvrant de concert.

Le mâle garde le
nid pendant que sa
compagne chasse
pour rapporter la
nourriture.

Habitudes et habitat : *Sinovenator* habite les régions boisées dont la densité varie de la forêt-parc moyennement dégradée aux profondeurs de la forêt vierge, où il chasse les dinosaures herbivores, notamment *Psittacosaurus* et *Beipiaosaurus*. Il attrape aussi des oiseaux (*Confuciusornis*), des œufs et des petits mammifères tels que *Repenomamus*. Le caractère individuel du plumage chez les mâles semble excéder les besoins de la parade ou de l'intimidation, et certains observateurs pensent que les subtilités des teintes et des tons pourraient faire partie d'un système plus complexe d'interactions, analogues, sur le plan visuel, au chant des baleines. Cela n'est pas aussi étonnant qu'on pourrait le croire puisque les troödontidés sont sans doute les plus intelligents de tous les dinosaures.

Pied, montrant la griffe recourbée
du deuxième orteil relevé.

Contrairement à la
dent du devant
(à gauche), la dent
arrière (à droite)
est profondément
dentelée.

Les petits mammifères
font régulièrement partie
du régime alimentaire
de Sinovenator.

	Trias	Jurassique	Crétacé	
245 m		208 m	146 m	65 m

saurischiens

théropodes

troödontidés

PAGE SUIVANTE : Un adulte Psittacosaurus et ses
petits fuient devant l'attaque de Sinovenator.

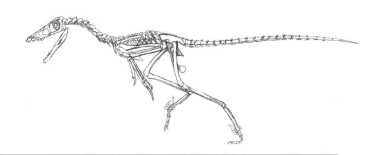

Un juvénile, dont les plumes sont plus longues et plus denses que celles des adultes vivant au sol, court se réfugier dans les hauteurs pour échapper à un prédateur.

SINORNITHOSAURUS

Description : petit théropode à plumes
Taille : de 50 cm à 1,2 m du nez à la queue

Traits distinctifs : Ce petit théropode qui vit surtout au sol est couvert de pennes duveteuses semblables à celles qu'arborent ses contemporains *Sinosauropteryx* et *Microraptor*. Les adultes des deux sexes sont couverts d'un pelage uniforme de pennes variant du blanc au gris pâle et pouvant atteindre 40 mm de longueur; des caroncules bleues encerclent les yeux, et les pieds et les griffes sont dénudés. Le plumage remarquable des juvéniles est un trait particulier de ce dinosaure, comme on peut le voir dans l'illustration principale montrant deux spécimens qui font semblant de se bagarrer. La coloration est rouge vif avec des taches et des rayures bleu clair, et la longue queue est annelée en blanc et bleu. Le plumage est aussi bien plus fourni que celui des parents et se feutre facilement. Les franges sur les bras ont tendance à coller ensemble comme des bandes velcro, formant des sortes d'ailettes qui aident les animaux à grimper vivement aux arbres pour fuir un prédateur. Chez l'adulte, le plumage est beaucoup moins fourni et moins coloré. La raison de cette couleur vive demeure un mystère, mais elle pourrait être reliée à la rivalité fraternelle, phénomène de l'évolution selon lequel les poussins se font la concurrence pour retenir l'attention des parents en même temps qu'un supplément de nourriture.

Habitudes et habitat : Ces animaux surtout nocturnes fréquentent le boisé dense et la forêt-parc semi-ouverte où ils se nourrissent de petits mammifères, tels que *Zhanghotherium*, ainsi que d'invertébrés. Mâles et femelles s'accouplent pour la vie et construisent leur nid en roqueries bruyantes dans les branches basses des arbres — souvent les mêmes qui sont habités dans les hauteurs par une colonie de *Microraptor*. Une roquerie peut comprendre de 80 à 100 individus incluant plusieurs générations reliées les unes aux autres. Les juvéniles et jeunes adultes demeurent souvent au nid parental pour aider à élever les jeunes frères, sœurs, cousins et cousines.

La structure de la main et la disposition générale des pennes sont évidentes dans ce croquis d'un juvénile aux bras ouverts.

Tête d'un adulte montrant les dents.

	Trias		Jurassique		Crétacé	
245 m		208 m		146 m		65 m

saurischiens

théropodes

dromaeosaures

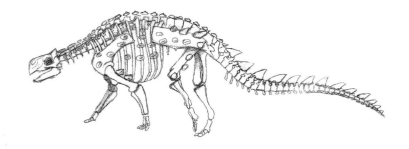

MINMI

Description : petit théropode cuirassé
Taille : de 1,5 à 3 m du nez à la queue

Traits distinctifs : De charpente délicate pour un ankylosaure, *Minmi* a des membres relativement minces et une armature légère. La peau rouge brun a une texture raboteuse et est parée de scutelles blanchâtres plus ou moins grosses sur la tête, le dos, les membres postérieurs et la queue, ces dernières étant particulièrement proéminentes. Devant l'attaque ou la menace, l'animal s'enterre lui-même dans le sol, ne laissant exposé que son dos caillouteux. Généralement solitaires, ces animaux ne se rencontrent jamais en groupes de plus de deux ou trois individus. L'accouplement est bref et peut se produire en tout temps de l'année. La couvée de six à huit œufs est enfouie dans le sable où elle est abandonnée.

Habitudes et habitat : Cette créature extraordinaire ne manque ni de résistance ni d'imagination. Elle fréquente un certain nombre d'habitats, que ce soit les lits de rivière riches en graines, en feuilles et en invertébrés ou le désert de sable complètement aride. Errant sur des centaines, voire des milliers de kilomètres, *Minmi* peut se passer d'eau des mois durant, entreposant les graisses dans des dépôts sous-cutanés. *In extremis*, l'animal entre dans un mode d'hibernation, creusant un terrier dans lequel il s'ensevelit vivant et où il peut demeurer pendant de nombreux mois en raison du ralentissement extrême des fonctions vitales.

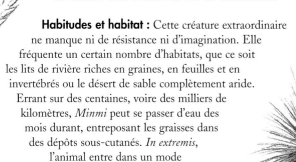

Minmi creuse
son terrier.

Minmi frais éclos émerge
du nid enterré.

Le menu de Minmi : os,
vers, tubercule et graines d'une
plante florifère primitive.

Une fois complètement
enfoui, il sera difficile
de déterminer où
commence le dinosaure
et où finit le désert.

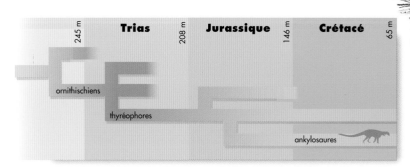

	Trias	Jurassique	Crétacé
245 m		208 m	146 m	65 m

ornithischiens

thyréophores

ankylosaures

Vue latérale de la tête de Minmi.

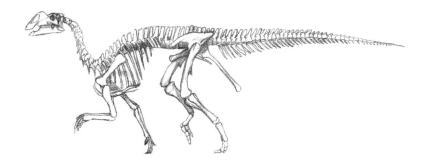

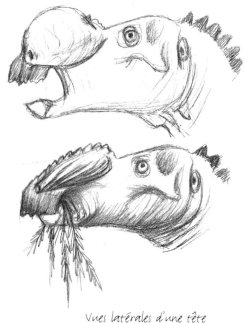

Vues latérales d'une tête mâle, avec sac érectile gonflé et dégonflé.

MUTTABURRASAURUS

Description : ornithopode de taille moyenne
Taille : de 6 à 8 m du nez à la queue

Traits distinctifs : Proche parent du presque contemporain *Iguanodon*, *Muttaburrasaurus* est un ornithopode répandu et plutôt typique. Les mâles et les femelles sont généralement gris, avec le ventre rosâtre. Ces animaux se distinguent par la crête nasale portant des sacs érectiles qui se gonflent pendant la vocalisation, et un bec corné et dur. Une crête épineuse court le long de la colonne vertébrale. Les mâles et les femelles sont approximativement de la même taille, quoique les sacs érectiles soient plus gros chez les mâles. Ils sont utilisés dans les combats bruyants et violents qui marquent la saison de la reproduction, lorsque les mâles se font la concurrence pour obtenir les faveurs d'une femelle en une frénésie de bousculades et de cris dont ils sortent les épaules meurtries. Le prétendant qui arrive à infliger la morsure rituelle au dos de son adversaire remporte habituellement la lutte. Comme tous les ornithopodes, *Muttaburrasaurus* a une vie sociale bien occupée. Ces animaux se trouvent en grandes hardes mixtes, mais ne forment pas de familles nucléaires stables.

Habitudes et habitat : Fréquentant divers environnements — prairies exubérantes de la plaine inondable, zones marécageuses ou brousse en moyenne altitude —, cet animal se nourrit de végétaux divers et de pratiquement tout ce qui lui tombe sous la dent y compris des os ainsi que les œufs et les petits d'autres vertébrés. Certains rapports ont signalé que *Muttaburrasaurus* envahit des roqueries de ptérosaures et arrache les pattes des petits, moyen abject de suppléer à son apport en calcium. La morsure du bec s'ajoute à la trituration du gésier et aux dents nombreuses et serrées; selon certaines observations, toutefois, *Muttaburrasaurus* est unique chez les ornithopodes en ce qu'il remplace toutes ses dents à la fois plutôt qu'une à une.

Deux mâles enserrés dans un combat pour l'obtention d'une femelle.

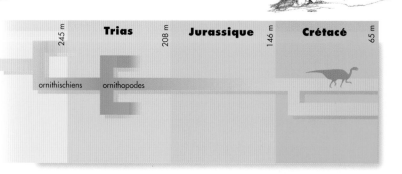

	Trias	Jurassique	Crétacé
245 m	208 m	146 m	65 m

ornithischiens   ornithopodes

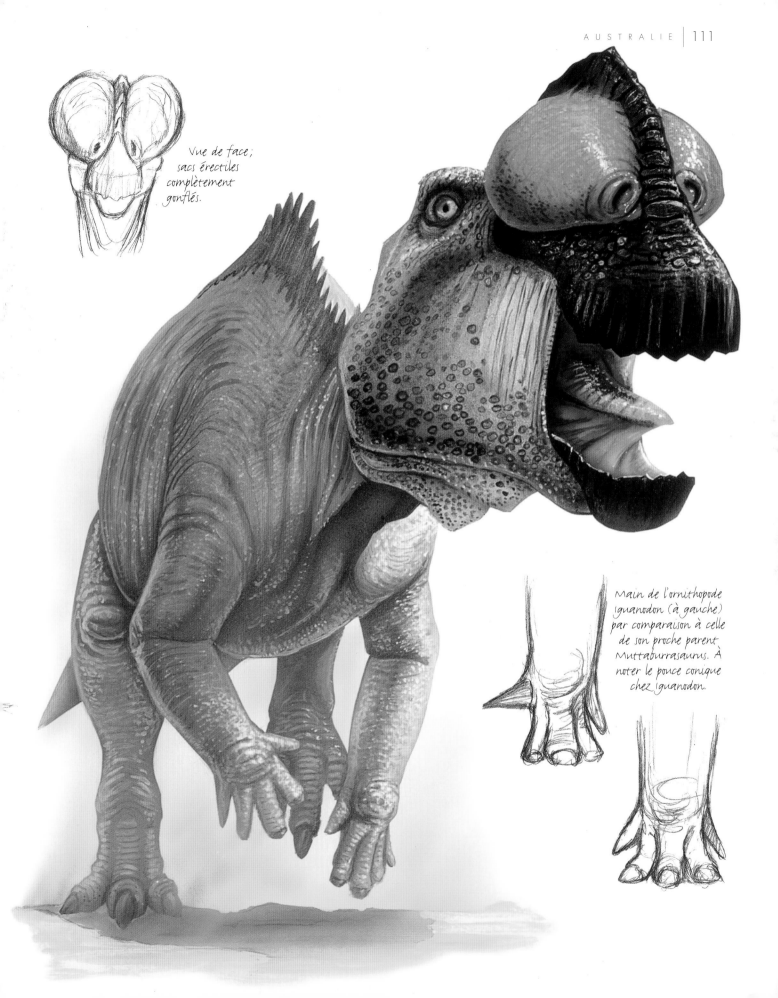

Vue de face ;
sacs érectiles
complètement
gonflés.

Main de l'ornithopode
Iguanodon (à gauche)
par comparaison à celle
de son proche parent
Muttaburrasaurus. À
noter le pouce conique
chez Iguanodon.

Le Crét

Il y a de 100 à 65 millions d'années

acé

supérieur

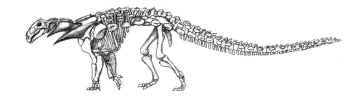

EDMONTONIA

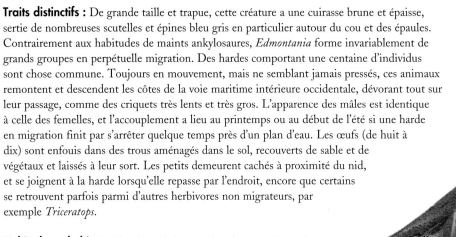

Description : grand dinosaure cuirassé
Taille : de 6 à 7 m du nez à la queue

Traits distinctifs : De grande taille et trapue, cette créature a une cuirasse brune et épaisse, sertie de nombreuses scutelles et épines bleu gris en particulier autour du cou et des épaules. Contrairement aux habitudes de maints ankylosaures, *Edmontania* forme invariablement de grands groupes en perpétuelle migration. Des hardes comportant une centaine d'individus sont chose commune. Toujours en mouvement, mais ne semblant jamais pressés, ces animaux remontent et descendent les côtes de la voie maritime intérieure occidentale, dévorant tout sur leur passage, comme des criquets très lents et très gros. L'apparence des mâles est identique à celle des femelles, et l'accouplement a lieu au printemps ou au début de l'été si une harde en migration finit par s'arrêter quelque temps près d'un plan d'eau. Les œufs (de huit à dix) sont enfouis dans des trous aménagés dans le sol, recouverts de sable et de végétaux et laissés à leur sort. Les petits demeurent cachés à proximité du nid, et se joignent à la harde lorsqu'elle repasse par l'endroit, encore que certains se retrouvent parfois parmi d'autres herbivores non migrateurs, par exemple *Triceratops*.

Habitudes et habitat : L'un des ankylosaures les plus prospères et les plus répandus, *Edmontania* incarne la proverbiale résistance de ce groupe extraordinaire d'animaux. Remarquablement féroces, ils défendent la harde contre l'attaque des tyrannosaures et d'autres prédateurs en se tournant de conserve vers l'adversaire et en se balançant d'un côté à l'autre de manière à imprimer un mouvement de faux aux épines de leurs épaules. Ce mouvement ressemblant à la démarche du crabe est aussi utilisé par les mâles qui se disputent une femelle ou de la nourriture. L'animal subsiste de tout ce qu'il peut ingérer ou cisailler d'un coup de son bec puissant pourvu que rien ne retarde son inexorable migration.

Edmontania pond ses œufs qu'elle couvrira de sol et de végétaux.

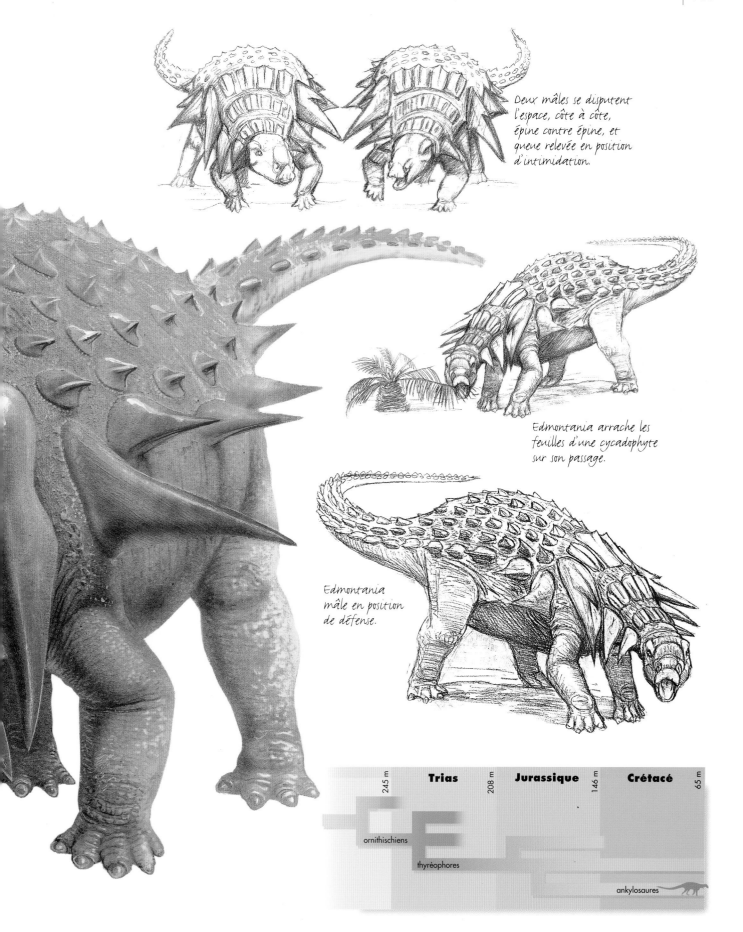

Deux mâles se disputent
l'espace, côte à côte,
épine contre épine, et
queue relevée en position
d'intimidation.

Edmontania arrache les
feuilles d'une cycadophyte
sur son passage.

Edmontania
mâle en position
de défense.

245 m	**Trias**	208 m	**Jurassique**	146 m	**Crétacé**	65 m

ornithischiens

thyréophores

ankylosaures

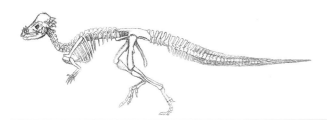

Tête de femelles Pachycephalosaurus (à gauche) et Stegoceras (à droite). À noter la différence dans les collerettes des deux espèces.

PACHYCEPHALOSAURUS

Description : grand pachycéphalosaure
Taille : de 5 à 9 m du nez à la queue

Traits distinctifs : Le plus grand d'un certain nombre d'espèces apparentées de dinosaures à tête épaisse, Pachycephalosaurus montre aussi le plus de dimorphisme sexuel. Le mâle est relativement petit (environ 6 m de longueur) mais vivement coloré, avec la tête d'un vert quasi iridescent qui se dégrade au brun sur les flancs, la queue et le derrière. Le dôme crânien qui le distingue est cerclé d'une collerette d'épines et peut excéder 30 cm d'épaisseur. Les femelles sont notablement plus grandes que les mâles — elles atteignent 9 m — mais elles sont plus foncées, plus ternes et ont moins d'épines sur la tête. La vie sociale est polyandre et violente. Une seule femelle dominante peut disposer d'un harem de 10 à 12 mâles. Les femelles subalternes, souvent apparentées à la «reine», l'aident à s'occuper de ses couvées de 50 œufs ou plus engendrés par tous les mâles du harem ou l'un d'eux. Ces subalternes pondent beaucoup moins d'œufs et leurs petits sont moins susceptibles d'atteindre la maturité. Elles défient fréquemment la reine, ce qui entraîne des combats féroces au cours desquels chacune des adversaires tente d'écraser la cage thoracique de sa rivale, en utilisant son dôme crânien comme un bélier.

Habitudes et habitat : Ces animaux vivent en grands groupes qui occupent un territoire dans la forêt-parc ouverte ou légèrement boisée où ils broutent la végétation basse. Comme il n'a nulle part où se cacher de ses prédateurs, Pachycephalosaurus opte pour la confrontation et se rue sur tout intrus osant envahir son territoire. Même les grands tyrannosaures sont atteints de coups de bélier à la cage thoracique, au ventre et aux jambes par des bandes de mâles. Le caractère belliqueux et la structure sociale qui typifient Pachycephalosaurus sont peut-être une adaptation venue par suite de la présence de théropodes prédateurs gigantesques. Cette créature ne doit être approchée qu'avec la plus grande prudence et dans un véhicule fortement blindé.

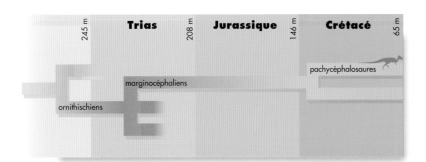

Un mâle Pachycephalosaurus se rue sur un jeune Tyrannosaurus rex, lui coupant le souffle momentanément.

245 m	Trias	208 m	Jurassique	146 m	Crétacé	65 m

pachycéphalosaures

marginocéphaliens

ornithischiens

TRICERATOPS

Description : grand cératopsien
Taille : de 7 à 10 m du nez à la queue

Traits distinctifs : Grand et corpulent, Triceratops est un dinosaure à cornes portant une collerette pleine mais relativement courte, deux grandes cornes au-dessus des yeux, une corne nasale recourbée et un bec robuste et proéminent. Son cuir gris à vert noir est rugueux et armé de multiples bosselures. Sa collerette diffère de celle de nombreux cératopsiens plus petits en ce qu'elle n'est ni colorée, ni ornementée. Triceratops vit en petite harde dominée par un gros mâle; l'accouplement au printemps est marqué de combats féroces pour la suprématie et l'accès au harem de femelles. Chaque femelle pond de 15 à 20 œufs dans de grands nids circulaires, étayés de terre rebattue et couverts de branches de conifères. Les animaux ne sont pas véritablement migratoires, mais chaque harde possède un territoire strictement délimité, et les individus d'un territoire donné ne s'aventurent que rarement dans celui de la harde voisine. Cette habitude, combinée avec l'observance d'une stricte hiérarchie, signifie que de nombreuses hardes de Triceratops sont fortement consanguines. Les résultats de rapports datant de la fin du Crétacé signalent l'échec de l'incubation sur une grande échelle et suggèrent la disparition de nombreuses hardes.

Habitudes et habitat : Le plus grand — qui s'avérera aussi le dernier — des cératopsiens vit dans les forêts marécageuses à basse altitude et dans la forêt-parc clairsemée où il se nourrit de buissons ligneux et de cônes de conifères. Il mange les racines qu'il déterre et utilise son bec et sa corne nasale pour arracher des bandes d'écorce des arbres morts afin d'y prélever les vers et les asticots de sa langue longue et préhensile. Cette grande créature bien armée n'a pas de concurrent ni d'ennemi sérieux, sauf le gigantesque théropode Tyrannosaurus, dont la taille est telle qu'il couvre beaucoup de terrain en peu de temps; pour sa part, Triceratops se défend en faisant face au danger et en combattant.

Le pied massif du devant est adapté à fouiller le sol en quête de racines et de vers.

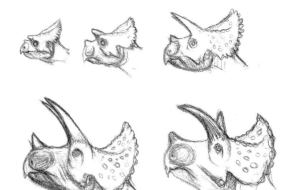

série de croquis montrant la croissance de la tête chez Triceratops, à partir d'un très jeune âge (au-dessus à gauche) jusqu'à pleine maturité (en dessous à droite).

Trois Tyrannosaurus s'approchent furtivement d'une harde de Triceratops.

Femelle s'occupant de son nid.

	Trias	Jurassique	Crétacé	
245 m		208 m	146 m	65 m

marginocéphaliens

cératopsiens

ornithischiens

PAGE SUIVANTE : La meilleure chance qu'a un prédateur d'abattre Triceratops est l'attaque par derrière.

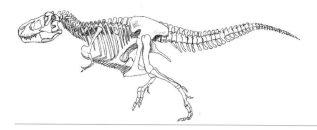

TYRANNOSAURUS

Description : grand théropode
Taille : de 10 à 15 m du nez à la queue

Traits distinctifs : Ce très grand théropode à la charpente robuste a une tête disproportionnée et rectangulaire ainsi que des bras vestigiaux dont les mains sont réduites à deux petits doigts. Il en existe plusieurs espèces, la mieux connue étant *Tyrannosaurus rex* (montrée ici). Les mâles et les femelles sont de taille et d'apparence semblables, mais les femelles sont peut-être plus grosses et leur parure faciale est plus évidente. La surface dorsale est bleu gris, la coloration se dégradant jusqu'au rouge foncé voire au pourpre sur les flancs, les jambes et le ventre. Bien que les individus passent beaucoup de temps à chasser en solitaires, ils se rassemblent en bandes aux rapports flous formées du mâle dominant, d'un harem de deux ou de trois femelles et d'un mâle célibataire ou deux. À l'occasion, les célibataires contestent la suprématie du mâle dominant dans des combats dont l'issue est très souvent fatale. Les femelles construisent des nids énormes de végétaux en décomposition et nourrissent leurs poussins de charogne. Comme son poids peut atteindre six tonnes, *T. rex* est presque assurément le plus massif des carnivores terrestres de tous les temps, même si certains théropodes plus primitifs comme *Giganotosaurus* sont en fait plus longs et plus grands. Certains rapports ont signalé que *Tyrannosaurus helcaraxae* (un chasseur d'hadrosaures, rare et laineux, connu uniquement dans le Crétacé supérieur du versant nord de l'Alaska) est encore plus énorme, mais cela reste à confirmer.

Habitudes et habitat : Errant librement dans presque tous les habitats des basses terres, de la forêt densément boisée à la forêt-parc, en passant par la plaine inondable, ce prédateur ne craint pas grand-chose. Capable de poursuivre ses proies, il se spécialise toutefois dans la chasse aux dinosaures lents. La lourdeur de la cadence est toutefois compensée par des dents capables de perforer une armure, des mâchoires profondes pouvant écraser les os, un cou court, un dos robuste et des jambes et des pieds puissants. Les dents de *T. rex* peuvent pénétrer la collerette osseuse de *Triceratops*, comme en font foi les spécimens d'excréments largement composés d'os broyés. Toutefois, l'animal n'a rien du héros, car il bat en retraite sitôt que sa proie se montre déterminée à se défendre.

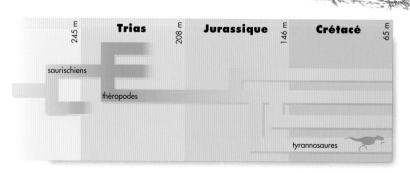

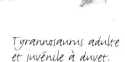

	Trias		Jurassique		Crétacé	
245 m		208 m		146 m		65 m

saurischiens

théropodes

tyrannosaures

Tyrannosaurus adulte et juvénile à duvet.

Tyrannosaurus montrant l'écart de ses mâchoires.

Une petite volée d'oiseaux se rassemblent sur le nez de Tyrannosaurus endormi. Les très grands théropodes dépendent des oiseaux pour nettoyer les parasites de leurs dents, de leurs fosses nasales et de la peau tendre encerclant leurs yeux.

Un Tyrannosaurus se réjouit méchamment devant la carcasse fraîchement abattue du grand hadrosaure Anatotitan.

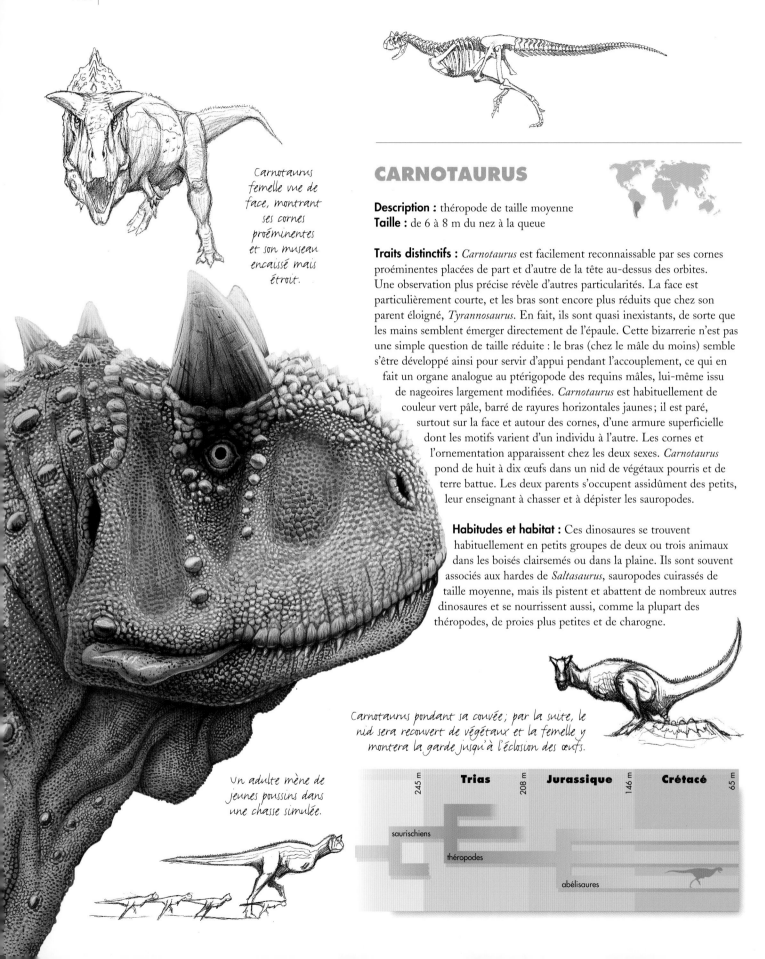

Carnotaurus femelle vue de face, montrant ses cornes proéminentes et son museau encaissé mais étroit.

CARNOTAURUS

Description : théropode de taille moyenne
Taille : de 6 à 8 m du nez à la queue

Traits distinctifs : *Carnotaurus* est facilement reconnaissable par ses cornes proéminentes placées de part et d'autre de la tête au-dessus des orbites. Une observation plus précise révèle d'autres particularités. La face est particulièrement courte, et les bras sont encore plus réduits que chez son parent éloigné, *Tyrannosaurus*. En fait, ils sont quasi inexistants, de sorte que les mains semblent émerger directement de l'épaule. Cette bizarrerie n'est pas une simple question de taille réduite : le bras (chez le mâle du moins) semble s'être développé ainsi pour servir d'appui pendant l'accouplement, ce qui en fait un organe analogue au ptérigopode des requins mâles, lui-même issu de nageoires largement modifiées. *Carnotaurus* est habituellement de couleur vert pâle, barré de rayures horizontales jaunes ; il est paré, surtout sur la face et autour des cornes, d'une armure superficielle dont les motifs varient d'un individu à l'autre. Les cornes et l'ornementation apparaissent chez les deux sexes. *Carnotaurus* pond de huit à dix œufs dans un nid de végétaux pourris et de terre battue. Les deux parents s'occupent assidûment des petits, leur enseignant à chasser et à dépister les sauropodes.

Habitudes et habitat : Ces dinosaures se trouvent habituellement en petits groupes de deux ou trois animaux dans les boisés clairsemés ou dans la plaine. Ils sont souvent associés aux hardes de *Saltasaurus*, sauropodes cuirassés de taille moyenne, mais ils pistent et abattent de nombreux autres dinosaures et se nourrissent aussi, comme la plupart des théropodes, de proies plus petites et de charogne.

Carnotaurus pondant sa couvée ; par la suite, le nid sera recouvert de végétaux et la femelle y montera la garde jusqu'à l'éclosion des œufs.

Un adulte mène de jeunes poussins dans une chasse simulée.

		Trias		Jurassique		Crétacé	
	245 m		208 m		146 m		65 m
saurischiens							
théropodes							
abélisaures							

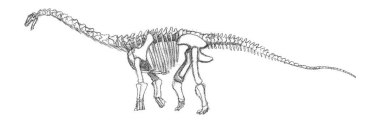

SALTASAURUS

Description : sauropode cuirassé de taille moyenne
Taille : de 10 à 13 m du nez à la queue

Traits distinctifs : Ce dinosaure, l'un des derniers
sauropodes, se distingue surtout pas sa cuirasse
lourde. La peau, du gris cendré au rougeâtre, est
ponctuée de grandes scutelles osseuses sur toutes les
parties du corps sauf le ventre. Une double rangée de
petites scutelles longent l'épine dorsale, chacune terminant
une épine neurale vertébrale. Les côtés de la face sont protégés
par un masque d'os épais, mais la partie postérieure est exposée,
révélant deux sacs nasaux érectiles. Ces créatures grégaires
vivent en hardes mixtes pouvant comprendre 80 individus ;
la structure sociale repose fortement sur les relations de
clan. Ainsi, l'accouplement tend à se produire au sein
du clan, mais avec les parents les plus éloignés dont
il est pratiquement établi qu'ils réagissent aux signaux
décelés grâce à leur flair très fin. Les femelles aménagent
à même le sol des dépressions ou cratères dans lesquels
elles pondent un très grand nombre d'œufs
(de 40 à 60). Moins de dix éclosent ; le reste des œufs, croit-on,
constituerait une source pratique d'éléments nutritifs pour les poussins.

Deux mâles saltasaurus se
tiennent tête cinglant l'air
de leur queue menaçante.

Habitudes et habitat : Les habitats que fréquente *Saltasaurus* vont des
boisés de conifères clairsemés à la brousse semi-aride, car l'animal se
nourrit pauvrement de cônes et d'aiguilles de pins, encore qu'il puisse
creuser pour déterrer des racines et qu'il mange aussi de la charogne.
Sa prédilection pour les terrains découverts l'expose à la prédation, de
sorte que le signal d'alerte que lui procure son flair est vital. Même
fort éloignée, la menace d'un grand théropode tel que *Carnotaurus* ou
Aucasaurus pousse ces animaux à se regrouper en formation de défense
à la périphérie de l'aire de nidification. *Aucasaurus* a appris à exploiter
cette stratégie à son profit : tandis que les prédateurs adultes retiennent
l'attention des parents, les juvéniles à zébrures se glissent à l'intérieur du
périmètre et y volent des œufs et des bébés.

Profil de la tête de
saltasaurus juvénile.

Pied de saltasaurus.

Profil de la tête de saltasaurus
adulte arrachant de la
végétation. On notera la
cuirasse autour des yeux et les
sacs nasaux érectiles.

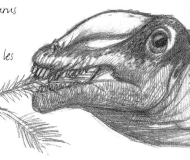

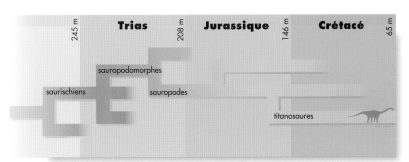

PAGE SUIVANTE : Des Aucasaurus juvéniles ont réussi à pénétrer
le cercle de défense pour accéder aux nids de saltasaurus.

MASIAKASAURUS

Description : petit théropode
Taille : de 1,5 à 2 m du nez à la queue

Masiakasaurus plonge à la poursuite d'un poisson.

Traits distinctifs : Ce dinosaure porte un pelage de minces filoplumes brunâtres sur un corps gris à vert pâle. Ses dents constituent son trait le plus remarquable, car leur taille varie énormément et celles du devant jusqu'à la pointe du museau sont longues et presque couchées. Très timide, *Masiakasaurus* ne sort qu'au crépuscule et compte parmi les dinosaures qu'on voit le plus rarement. Il n'a été observé vivant qu'à moins de dix occasions, toujours à distance et tard en soirée, perché sur les rochers longeant un cours d'eau au débit tumultueux, ou au milieu des rapides en eaux vives. L'examen du contenu stomacal de carcasses et la disposition inhabituelle des dents montrent qu'il vit presque exclusivement de poisson. Nageur agile, il plonge sous l'eau au moindre signe de perturbation ; le reste du temps, il vit caché dans les boisés denses. On ne sait rien de sa vie sociale ni de ses mœurs sexuelles. On lui a attribué des vocalisations mystérieuses ressemblant aux sifflements de la renarde et qu'un naturaliste a comparées (peut-être avec un rien d'exagération) au « son d'une guitare électrique criant sa douleur ».

Habitudes et habitat : Ce dinosaure est membre d'une faune étrange qui a évolué seule de son côté dans le Crétacé supérieur de Madagascar. *Masiakasaurus* appartient à un groupe de théropodes appelés abélisauridés et connus uniquement au Gondwana. Un autre abélisauridé, le grand *Majungatholus*, était aussi confiné à Madagascar, de même que plusieurs oiseaux inusités, par exemple *Rahonavis*. L'absence d'hadrosaures et d'autres ornithopodes qui peuplent d'autres parties du monde à l'époque a permis l'évolution de divers herbivores ainsi que de grands sauropodes titanosauridés comme *Rapetosaurus*.

Détail de la main (à gauche) et du pied (ci-dessous à droite) perché sur la prise du jour.

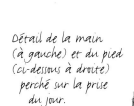

Croquis du crâne et des dents montrant le ple[?] écart des mâchoires (à gauche), et la disposition des dents lorsque la bouche est fermée (ci-dessus et en haut à gauche).

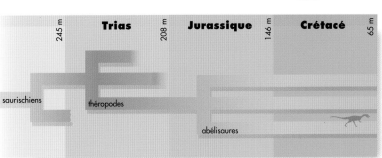

	Trias		Jurassique		Crétacé	
245 m		208 m		146 m		65 m
saurischiens		théropodes				
					abélisaures	

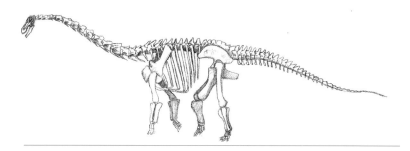

Détail de la tête de Rapetosaurus, vue latérale.

RAPETOSAURUS

Description : sauropode de taille moyenne
Taille : de 12 à 17 m du nez à la queue

Traits distinctifs : Ce sauropode de taille moyenne à la charpente légère ressemble à *Diplodocus* et par sa charpente et par son crâne allongé et étroit, mais c'est en fait un titanosaure, le dernier et le plus prospère des groupes de sauropodes. Sa peau est rougeâtre et tachetée de plaques roses sur le ventre, les flancs et les membres supérieurs. Le cou et le haut du corps sont protégés de scutelles osseuses d'un pourpre foncé presque noir. *Rapetosaurus* ne vit pas en grandes hardes, comme le font la plupart des sauropodes de son ère ; on le trouve soit seul, soit en petits groupes de deux ou trois individus. L'accouplement se produit au printemps, après quoi les femelles pondent des couvées d'une vingtaine d'œufs, dont quelques-uns seulement arrivent à éclore. Les femelles ne mangent pas pendant l'incubation, qui dure de quatre à cinq semaines. Après l'éclosion, les petits se développent très rapidement et accompagnent bientôt leur mère lorsqu'elle part en quête de nourriture.

Habitudes et habitat : Cet animal se trouve dans de nombreux milieux. Il broute les plantes basses et les pousses tendres des arbres et passe beaucoup de temps vautré dans la boue des marécages. Les titanosaures représentent le dernier fleuron de l'évolution des sauropodes, et presque tous les sauropodes du Crétacé supérieur appartiennent à cette catégorie. Ailleurs dans le monde, ils subissent la concurrence des cératopsiens et des hadrosaures, mais sur l'île de Madagascar, *Rapetosaurus* compte peu de rivaux herbivores. Ces circonstances lui ont permis de devenir un brouteur de premier ordre. Son principal ennemi est le grand théropode abélisauridé *Majungatholus*, qu'il évite en se cachant dans la forêt dense ou dans les marécages.

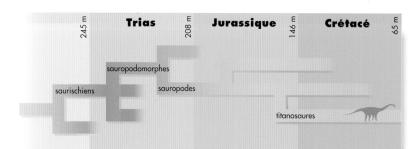

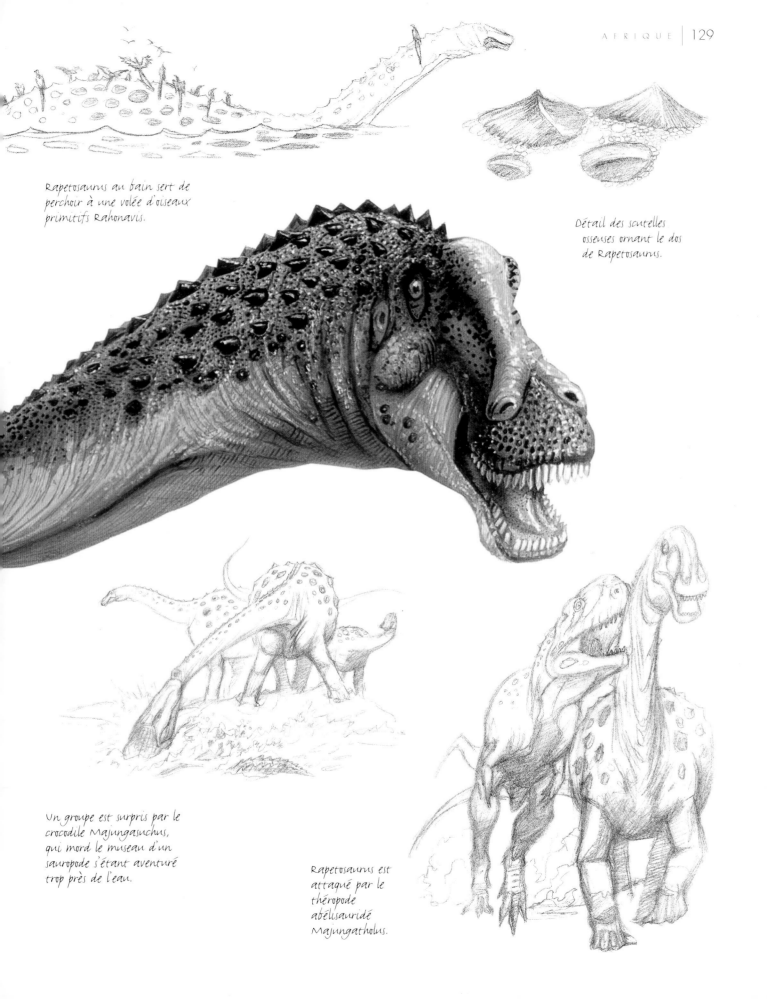

Rapetosaurus au bain sert de perchoir à une volée d'oiseaux primitifs Rahonavis.

Détail des scutelles osseuses ornant le dos de Rapetosaurus.

Un groupe est surpris par le crocodile Majungasuchus, qui mord le museau d'un sauropode s'étant aventuré trop près de l'eau.

Rapetosaurus est attaqué par le théropode abélisauridé Majungatholus.

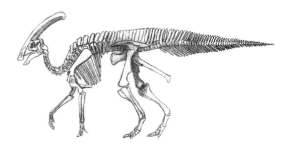

Harde de Charonosaurus en migration.

CHARONOSAURUS

Description : hadrosaure à longue crête
Taille : de 9 à 13 m du nez à la queue

Traits distinctifs : Ce grand hadrosaure — l'un des derniers et des plus grands de son genre — est vert terne avec des plaques rouges sur le museau. La crête est noire, tandis que l'espèce de drapeau de chair qui en pend et la relie au cou est rouge à bordure noire. Les plus grands individus dépassent *Tyrannosaurus rex* en longueur, et sont une fois et demie plus lourds que *Parasaurolophus*, un proche parent d'Amérique du Nord. L'énorme crête constitue le trait typique de cet animal et ressemble à celle de *Parasaurolophus*, sauf qu'elle est à la fois plus longue et plus épaisse. Outre la crête, les vertèbres de l'animal se terminent par des épines neurales très allongées qui le font paraître plus grand avec des flancs très hauts. Les pattes du devant sont particulièrement longues, ce qui convient à son habitude de gambader à quatre pattes, encore qu'il puisse marcher et courir sur deux pattes au besoin. Comme chez tous les hadrosaures, *Charonosaurus* a une vie sociale chargée, car il vit en grandes hardes mixtes pouvant compter plus de 500 individus des deux sexes et de tous âges. L'accouplement se produit au hasard, les mâles tentant d'impressionner les femelles par des parades bruyantes. Les femelles conservent le sperme dans une spermothèque : les couvées de 10 à 20 œufs peuvent provenir de divers mâles.

Habitudes et habitat : On trouve *Charonosaurus* le plus souvent dans les forêts de conifères sombres et denses, ainsi que dans les marécages engorgés à la végétation serrée. La faiblesse de la vue est largement compensée par l'acuité de l'ouïe, qui s'apparie d'ailleurs aux vocalisations phénoménales caractérisant ses «chants» d'une grande subtilité et d'une puissance inouïe. La sonorité de ces chants est attribuable en grande partie à la crête nasale et à ses très longs sinus vides qui rejoignent les voies nasales. Les chants, ou *raga*, de *Charonosaurus* se distinguent notablement par le registre couvert (10 octaves) du gazouillis suraigu d'un piccolo au tonnerre vibrant d'un tuba. Des enregistrements précis donnent à penser que ces chants sont en partie héréditaires, en partie appris, et qu'ils sont spécifiques du clan.

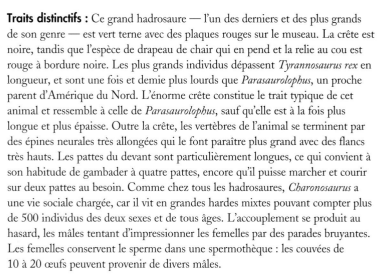

Un mâle Charonosaurus (à droite) tente d'impressionner la femelle en gonflant le sac érectile de sa gorge.

	Trias		**Jurassique**		**Crétacé**	
245 m		208 m		146 m		65 m
ornithischiens	ornithopodes					
					hadrosaures	

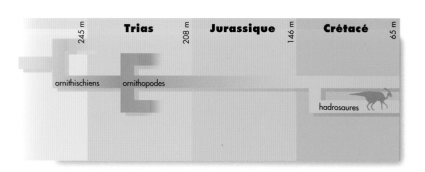

Tête de l'hadrosaure contemporain, Corythosaurus.

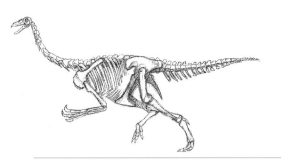

DEINOCHEIRUS

Description : grand théropode herbivore
Taille : de 7 à 12 m du nez à la queue

Traits distinctifs : Impossible à confondre avec quelque autre dinosaure, sauf peut-être un thérizinosaure, cette créature énorme, parent gigantesque d'*Ornithomimus* et de *Gallimimus*, combine les attributs de l'autruche, de la girafe et du paresseux. Bleu gris avec des marques distinctives rouges sur le dos, le cou et la gorge, *Deinocheirus* est large de poitrine et d'abdomen, a une queue relativement courte et est pourvu de jambes puissantes. Il se distingue surtout par ses bras, qui semblent disproportionnés par rapport au reste du corps. Ceux-ci portent des griffes redoutables contrastant avec sa très petite tête et ses mâchoires édentées. Les animaux vivent en petits groupes familiaux, et la rencontre de deux clans est souvent un événement assourdissant. Les mâles paradent dans des arènes devant leurs compagnes anticipées et font des gestes menaçants avec leurs bas (voir l'illustration couleur) ; ce spectacle s'accompagne de claquements percutants et stridents qui proviennent des griffes frappées violemment les unes contre les autres. Les mâles et les femelles construisent leur nid sous de grands arbres et se relaient pour incuber les œufs. À l'éclosion, les poussins ont des bras et des jambes d'égale longueur ainsi qu'une longue queue préhensile ; presque aussitôt ils deviennent experts pour grimper aux arbres et se mouvoir, à la manière des paresseux, sous les branches. Ils se nourrissent de jeunes pousses et des œufs volés aux oiseaux et aux ptérosaures.

Habitudes et habitat : Ces créatures broutent dans la forêt aux peuplements denses ou dans la forêt-parc à demi boisée ; ils tirent les branches à la portée de leurs mâchoires. Cette activité entraîne des dommages immenses, bien que l'on pense que la perturbation régulière causée par les herbivores contribue au succès du reboisement forestier. L'animal ne mange pratiquement que les feuilles, lesquelles se désintègrent par symbiose bactérienne dans le jabot et l'estomac. Malgré son apparence disgracieuse, *Deinocheirus* n'a pas d'ennemis. Sa taille imposante et ses immenses griffes font en sorte que même les grands théropodes et cératopsiens se tiennent à distance respectueuse.

Deinocheirus vu de face, montrant les bras au repos.

Deinocheirus se nourrissant à un arbre. L'homme à ses côtés nous donne une idée de sa taille.

Bras de Deinocheirus (à gauche) comparé à celui de Therizinosaurus, autre herbivore théropode aux longs bras. On notera la longueur et la poigne, semblable à celle d'un crochet chez Deinocheirus, par comparaison à la pose chez Therizinosaurus qui ressemble davantage au bras d'un oiseau.

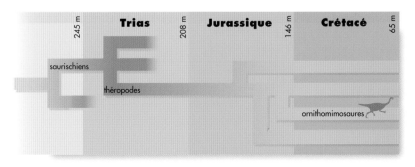

	245 m	**Trias**	208 m	**Jurassique**	146 m	**Crétacé**	65 m
saurischiens							
théropodes							
					ornithomimosaures		

Deinocheirus arrachant les végétaux avec ses griffes.

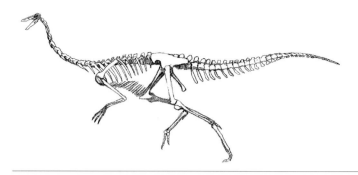

GALLIMIMUS

Description : grand théropode ornithomimosauridé
Taille : de 4 à 6 m du nez à la queue

Traits distinctifs : Le ornithomimosaures («imitateurs d'autruches») forment un groupe varié. Ces théropodes légers sont bons coureurs; la queue et le cou sont longs, mais ils ont une petite tête et de grands yeux. Chez certaines espèces, les dents ont été remplacées par un bec corné. *Gallimimus* est le plus grand des ornithomimosaures, mis à part l'énorme *Deinocheirus*.

Typiquement coloré, *Gallimimus* est paré de rayures voyantes rouges et brunes, d'une très particulière crinière laineuse et blanche, de duvet autour de la face et d'un béret de plumes noires sur le dessus de la tête. Le bec typique est rouge vif, mais cela varie chez les diverses espèces. Le dinosaure illustré ici est *Gallimimus bullatus*, animal grégaire trouvé en volées pouvant compter plus de 2000 individus, encore que cela soit exceptionnel. Les mâles et les femelles s'apparient pour la vie et nichent dans de grandes roqueries où les femelles pondent des couvées de six à huit petits œufs bleus dans des dépressions sablonneuses aménagées à même le sol. Les mâles et les femelles se relaient pour incuber les œufs. Les poussins sont couverts d'un duvet couleur crème qu'ils perdent sans tarder et peuvent marcher et courir dès après l'éclosion.

Gallimimus tire vers lui la branche dont il mange les pousses.

Habitudes et habitat : *Gallimimus* vit en volées dans la forêt-parc légèrement boisée ou dans la brousse semi-désertique. Omnivore, il se nourrit de lézards, de petits mammifères et d'oiseaux, d'amphibiens et de charogne. Au printemps, les volées se rassemblent près des lacs éphémères peu profonds, pataugeant loin de la grève pour attraper les crevettes et petits poissons qui abondent en cette saison. Le principal ennemi de *Gallimimus* est le tyrannosaure *Tarbosaurus*, bien que *Galllimimus* coure beaucoup plus vite que son adversaire sauf s'il est pris en embuscade. Même s'il n'est pas le plus rapide des dinosaures, *Gallimimus* arrive à des pointes de vitesse de 50 à 70 km/h.

Détail de la main et du pied de Gallimimus.

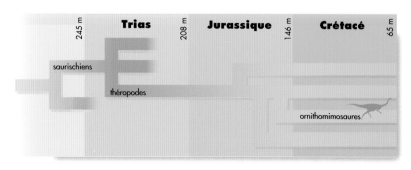

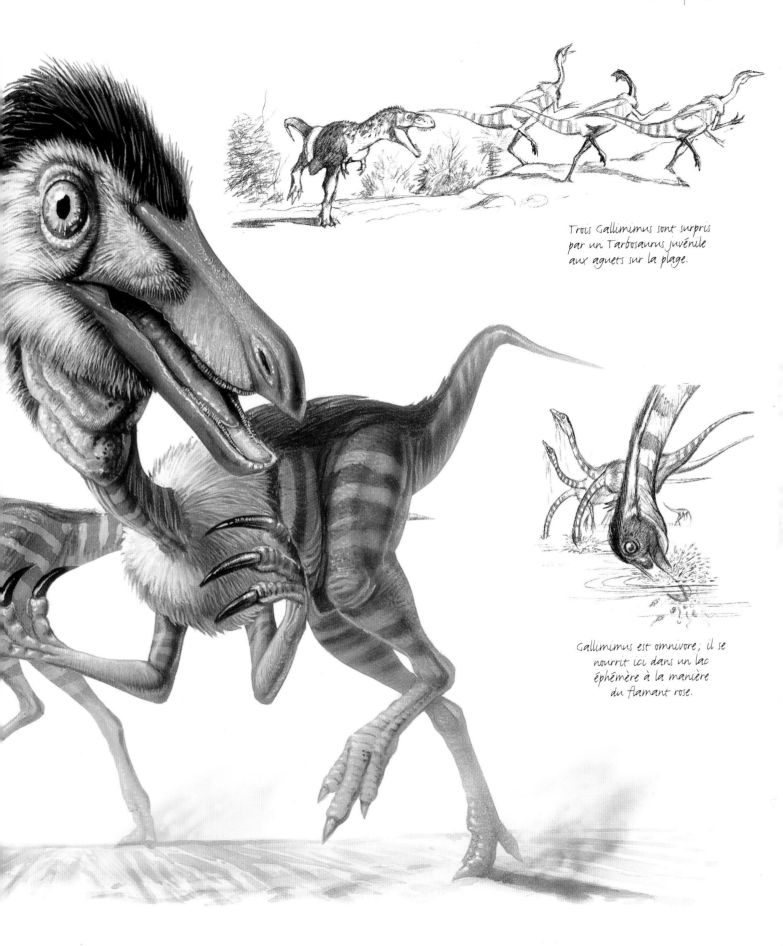

Trois Gallimimus sont surpris
par un Tarbosaurus juvénile
aux aguets sur la plage.

Gallimimus est omnivore; il se
nourrit ici dans un lac
éphémère à la manière
du flamant rose.

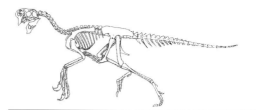

OVIRAPTOR

Description: petit théropode oviraptorosaure
Taille: de 1,5 à 2,5 m du nez à la queue

Traits distinctifs: Ce théropode élancé à charpente légère se distingue aisément par la forme inusitée de sa tête — courte et ramassée, dont les mâchoires se sont transformées en un bec corné —, par l'énorme angle du bec, une face bleu vif et une crête proéminente rouge. Il compte parmi plusieurs dinosaures étroitement apparentés. Celui que montre l'illustration principale est *Oviraptor philoceratops*. Cet animal est couvert d'un pelage épais dont la couleur varie du jaune au gris; les bras et la queue portent une frange de plumes brun foncé. Les bras sont longs et les doigts, effilés et griffus. À l'exemple de nombreux théropodes, ces créatures ont une vie sociale élaborée, notamment lorsque les mâles paradent collectivement et fort bruyamment devant un auditoire de femelles. Les mâles et les femelles forment des couples reproducteurs, mais l'un et l'autre cherchent aussi à s'accoupler avec d'autres partenaires. La femelle se charge généralement, mais pas exclusivement, de l'incubation, et les deux parents élèvent la couvée pouvant compter de sept à huit poussins nidicoles, qu'ils nourrissent de charogne à demi digérée et régurgitée.

Habitudes et habitat: *Oviraptor philoceratops* se trouve dans la brousse semi-désertique et s'associe aux hardes de cératopsiens *Protoceratops*, un peu comme les zèbres s'associent aux hardes de gnous dans le Serengeti moderne. Rapide, sensible et intelligent, *Oviraptor* donne l'alerte avant que n'attaquent d'autres théropodes. *Oviraptor* abat de petits dinosaures comme *Shuvuuia*, des lézards, des serpents et des oiseaux, mais il est particulièrement friand de petits mammifères. Cet aspect de son régime alimentaire suggère que ce petit dinosaure inhabituel — actif au crépuscule et à l'aube, comme ses proies — tente ainsi d'éloigner la vermine et les voleurs d'œufs potentiels du site de nidification communale.

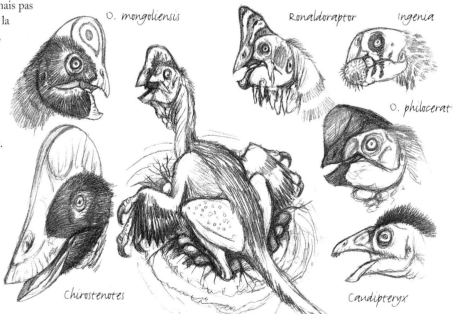

O. mongoliensis

Ronaldoraptor

Ingenia

O. philocerat

Chirostenotes

Caudipteryx

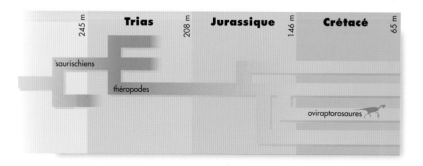

	245 m	**Trias**	208 m	**Jurassique**	146 m	**Crétacé**	65 m

saurischiens

théropodes

oviraptorosaures

Oviraptor philoceratops sur son nid, entouré des têtes de divers oviraptorosaures pour les fins de la comparaison : à partir du milieu dans le sens des aiguilles d'une montre : Ronaldoraptor, Ingenia (tenant dans son bec un fruit épineux), O. philoceratops en gros plan, Caudipteryx, Chirostenotes et O. mongoliensis.

Un thérizinosaure utilise son bec et ses grandes griffes pour enlever l'écorce d'un tronc d'arbre et mettre au jour l'aubier, des champignons et des insectes.

Détail montrant comment l'animal utilise son museau pour creuser dans le bois.

THERIZINOSAURUS

Description: grand théropode herbivore
Taille: de 9 à 13 m du nez à la queue

Traits distinctifs: Cet énorme bipède au corps encaissé a un long cou, une toute petite tête complètement disproportionnée à sa queue épaisse, des cuisses robustes et des pieds à quatre orteils. Chacun des trois doigts que compte la main se termine par une griffe redoutable pouvant atteindre un mètre de longueur, les plus grandes griffes de tout animal connu. En position fléchie, les bras se replient près du corps, comme les ailes des oiseaux, mais avec une rotation considérable du poignet. La coloration varie chez les espèces, mais ces dinosaures portent souvent des rayures cryptiques. L'accouplement commence par des parades et des concours bruyants, les mâles se dressant sur leurs membres postérieurs et menaçant leurs concurrents avant d'attaquer avec les griffes. Les blessures sont habituellement superficielles. Le mâle et la femelle construisent leur nid sur le sol avec de la boue et des troncs d'arbres morts et incubent des couvées de six à huit œufs, la plupart de forme cylindrique. Sans doute le dinosaure le plus bizarre, *Therizinosaurus* ne risque guère d'être confondu avec quelque autre espèce, sauf peut-être l'ornithomimosaure géant *Deinocheirus*.

Habitudes et habitat: Cet animal vit dans une variété d'habitats, mais il préfère les forêts marécageuses dégradées. Ses griffes servent à menacer de rares prédateurs, par exemple *Tarbosaurus*, montré dans l'illustration principale. Leur usage premier est toutefois de ramener les branches à la portée des mâchoires de l'animal et d'enlever l'écorce des troncs d'arbres. *Therizinosaurus* consomme les feuilles, le bois pourris, les insectes, les vers et tout détritus typique des boisés, qu'il digère à l'aide d'une armée de bactéries, de champignons et d'autres symbiontes de l'appareil digestif. Les griffes, a-t-on avancé, pourraient servir à ouvrir les termitières. Pareille activité n'a jamais été observée, quoique les thérizinosaures aient formé une symbiose avec les vers capables de digérer la cellulose et qui vivent dans le gésier et les intestins. Un examen précis montre que ces vers sont en fait des termites dégénérées d'une espèce trouvée uniquement dans l'appareil digestif des thérizinosaures. Le volume de méthane produit par la digestion d'une telle quantité de cellulose est considérable, mais les récits racontant que des thérizinosaures frappés par la foudre ont explosé en boules de flammes bleues sont sans doute apocryphes.

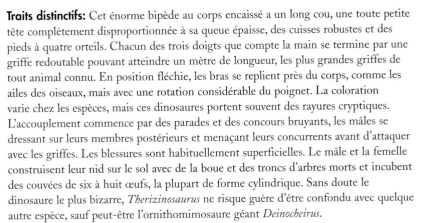

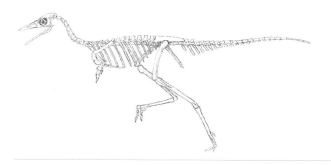

SHUVUUIA

Description : petit théropode à plumes
Taille : de 30 à 60 cm du nez à la queue

Traits distinctifs : Ce dinosaure à charpente légère a de longues jambes graciles qui font contraste avec ses bras courts, ressemblant à des ailes et qui se terminent pas une seule griffe proéminente. Il est couvert d'un plumage roide, blanc et noir, et porte une crête crânienne noire ainsi que des plumes à la queue. Le museau distinctif ressemble à un bec d'oiseau et varie du jaune au brun. De petites dents ornent le devant de la mâchoire. À première vue, lorsqu'on l'aperçoit de loin dans la plaine, *Shuvuuia* ressemble à un volatile inapte au vol, mais en fait il n'est pas proche parent des oiseaux. Les mâles et les femelles tendent à s'apparier pour la vie et font leur nid sur les hauteurs d'anciennes termitières ou sur des affleurements rocheux, d'où ils défendent un vaste territoire contre la venue d'autres couples reproducteurs.

Habitudes et habitat : *Shuvuuia* vit dans la savane semi-aride et jusqu'aux bords du désert, où il se spécialise comme insectivore. Il ouvre les termitières avec ses pieds et sa griffe puissante, incitant les résidants à l'attaque. Il utilise aussi sa griffe pour enlever l'écorce des arbres et y déloger les insectes (voir *Therizinosaurus*). Son plumage épais le protège des morsures, si bien qu'il peut lécher les insectes de sa langue très longue et armée de barbillons. Il conserve une boule d'insectes à moitié digérée dans le gésier pour ensuite la régurgiter à ses petits. Ses principaux ennemis sont les petits théropodes tels *Oviraptor* et *Velociraptor* contre lesquels sa seule défense est de fuir à toute vitesse en faisant voler de la poussière à la face de ses poursuivants, un peu comme une seiche répand un nuage d'encre.

Détail d'œufs de Shuvuuia.

Une griffe robuste émane du seul doigt élargi sur un bras raccourci.

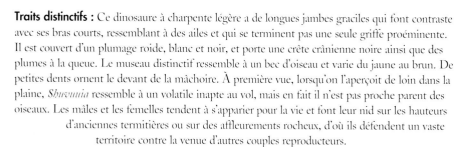

Comportement typique de Shuvuuia s'agrippant aux arbres pour en retirer l'écorce à la recherche d'insectes.

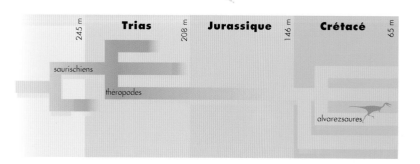

	Trias	Jurassique		Crétacé	
245 m		208 m	146 m		65 m

saurischiens

théropodes

alvarezsaures

Paire de Shuvuuia dans l'accouplement.

Une femelle creuse une termitière abandonnée pour y faire son nid.

Shuvuuia fuit devant un prédateur lui jetant à la figure un nuage de poussière.

PROTOCERATOPS

Description : petit cératopsien
Taille : de 1,5 à 3 m du nez à la queue

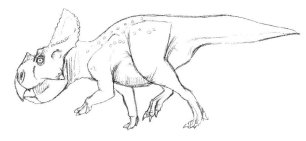

Traits distinctifs : *Protoceratops* a la taille, la forme et le comportement d'un gros cochon, ainsi qu'un corps en tonneau, des jambes courtes mais puissantes et une queue épaisse. Comme chez tous les cératopsiens, sa tête est dominée par une collerette proéminente ornée de plaques osseuses. La collerette est plus grande chez le mâle que chez la femelle. Les mâles ont aussi une corne nasale et des défenses faciales. Les deux sexes, toutefois, sont pourvus d'un bec très puissant semblable à celui du perroquet. Ces animaux ont une coloration uniforme brun rouge. Ils se trouvent invariablement en grandes hardes pouvant compter de 200 à 300 individus. Un examen plus précis révèle que ces hardes se divisent en groupes de femelles et de sub-adultes dominés par un seul mâle. Comme son parent *Zuniceratops* d'Amérique du Nord, *Protoceratops* niche collectivement, produisant de grandes dépressions de boue et de végétation qui ressemblent à des cratères entre lesquels sont coincés les nids moins grands du théropode *Oviraptor*.

Vues frontale, latérale et dorsale de Protoceratops.

Habitudes et habitat : *Protoceratops* fréquente généralement la plaine sèche, où il se nourrit de végétaux coriaces, de racines et, à l'occasion, de charogne. Les grandes hardes et concentrations d'œufs attirent tout un éventail de visiteurs importuns, dont les plus petits se trouvent près des volées d'*Oviraptor* invariablement associées aux hardes de *Protoceratops*. De grands prédateurs tels que *Tarbosaurus* sont parfois repoussés lorsque les mâles adoptent d'un commun accord une stratégie de défense phalangiste, tandis que les petits théropodes, comme *Velociraptor*, peuvent être défaits par un seul mâle férocement déterminé. (Voir l'illustration principale).

Un Protoceratops mâle tient tête à ses attaqueurs.

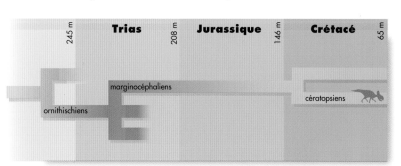

245 m   **Trias**   208 m   **Jurassique**   146 m   **Crétacé**   65 m

marginocéphaliens

cératopsiens

ornithischiens

VELOCIRAPTOR

Description : petit théropode
Taille : de 1,8 à 2,4 m du nez à la queue

Traits distinctifs : Cet animal à la peau rougeâtre porte un plumage blanc sur la tête, le cou, les flancs et les bras. Remarquablement longue, la tête est portée basse, sans pour autant avoir la mâchoire rectangulaire qui caractérise de nombreux autres théropodes. Comme chez *Deinonychus*, le second orteil est muni d'une griffe large et coupante. Par contre, les mâles et femelles *Velociraptor* se ressemblent et ont l'apparence des mâles à crête *Deinonychus* plutôt que des femelles glabres. L'accouplement se produit à la fin d'une danse ritualisée et menaçante, dans laquelle les mâles s'exposent fortement à recevoir des blessures mortelles. Ce comportement crée une pression terrible sur le plan de la sélection quant à la férocité des mâles et des femelles. Cela explique peut-être aussi pourquoi les deux sexes ressemblent à des mâles ; les individus les plus prospères proviennent d'œufs bourrés d'hormones mâles et tendent donc à ressembler aux mâles sans égard à leur sexe.

Habitudes et habitat : *Velociraptor* occupe un large éventail d'habitats, de la forêt marécageuse à la plaine sèche. Il vit des poussins et des œufs de *Protoceratops* et de *Therizinosaurus*, ainsi que de plus petits dinosaures, dont *Shuvuuia* et *Oviraptor*, et d'autres petites proies. Bien que les ouvrages populaires le décrivent comme un animal intelligent qui chasse en bandes, cet instinct a été subjugué par une méchanceté inhérente. Les bandes ne sont pas des groupes sociaux, mais simplement un rassemblement d'individus attirés par le même appât. En fait, *Velociraptor* est si téméraire qu'il attaque pratiquement tout ce qui bouge sans la moindre provocation ; des individus ont ainsi attaqué seuls un gigantesque *Therizinosaurus*, voire un *Tarbosaurus*, avec les conséquences létales que cela suppose pour le plus petit dinosaure.

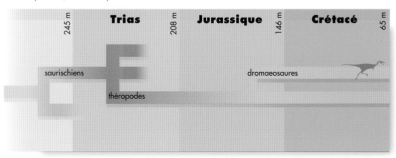

Une paire de Velociraptor accomplissent le rituel menaçant qui précède l'accouplement.

	Trias	Jurassique	Crétacé

245 m   208 m   146 m   65 m

saurischiens

dromaeosaures

théropodes

Main, montrant l'action du poignet qui rappelle le mécanisme de repli des ailes chez les oiseaux. Cette caractéristique est commune à de nombreux théropodes, en particulier les dromaeosaures et les thérizinosaures.

Pied montrant l'écart possible entre le deuxième doigt et le sol.

Tête, vue de face et de côté.

Vues dorsale, latérale et frontale de Velociraptor. À noter la queue extrêmement longue que l'animal peut replier à la verticale, trait important faisant partie de la parade intimidante.

GLOSSAIRE

Abélisaures
Groupe de théropodes, incluant par exemple *Masiakasaurus* et *Majungatholus*, trouvés typiquement dans l'hémisphère Sud.

Âges glaciaires
Périodes de refroidissement dans le climat global qui ont entraîné l'extension à long terme des calottes glaciaires et des glaciers. Par convention, le terme renvoie aux diverses fluctuations des deux derniers millions d'années, mais le Permien a connu un âge glaciaire et, pendant au moins deux intervalles, il y a plus de 500 millions d'années, la Terre a probablement été entièrement couverte de glace.

Ammonites
Groupe de mollusques apparentés aux calmars modernes qui se distinguaient par une lourde coquille enroulée, souvent très ornée et qui croissait pendant toute la durée de la vie.

Ankylosaures
Groupe de dinosaures herbivores, fortement cuirassés, par exemple *Minmi* et *Edmontonia*, répandus partout dans le monde au Crétacé.

Archosaures
Groupe de reptiles qui inclut les dinosaures, les ptérosaures, les crocodiles, certains oiseaux et d'autres formes éteintes, mais pas les tortues, les serpents ni les lézards.

Arènes de parade
Ce sont en quelque sorte des « pistes de danse » où les membres d'un sexe d'une espèce, habituellement les mâles, se pavanent devant une audience composée de l'autre sexe.

Bélemnites
Groupe éteint de mollusques ressemblant à des calmars. Leur coquille, contrairement à celle des ammonites, était interne.

Brachiosauridés
Groupe de sauropodes géants typifiés par *Brachiosaurus* du Jurassique.

Carnivore
À dire vrai, tout mammifère de l'ordre *Carnivora*. Dans son emploi moins strict, le terme renvoie à toute créature adaptée à un régime alimentaire principalement composé de chair vivante.

Cératopsiens
Groupe de dinosaures ornithischiens, dont la plupart sont des quadrupèdes à cornes, qui a connu son apogée au Crétacé supérieur et qui inclut des formes telles que *Psittacosaurus*, *Protoceratops*, *Zuniceratops* et *Triceratops*.

Cladistique
Classification des espèces uniquement en fonction de leurs relations dans l'évolution, sans référence à quelque similarité générale ni à leur position dans les temps géologiques.

Coelacanthes
Groupe de poissons archaïques, apparentés de loin aux vertébrés terrestres, et qu'on croyait éteints depuis le Crétacé jusqu'à ce que des formes vivantes soient découvertes dans l'océan Indien au XXᵉ siècle : le cas classique du « fossile vivant ».

Crustacés
Groupe important d'arthropodes (à membres articulés) surtout aquatiques, qui comprend les crabes, les homards, les crevettes, les anatifes et de nombreuses autres formes.

Dérive des continents
Processus selon lequel les masses continentales se déplacent à la surface de la Terre sous l'action de la tectonique des plaques.

Dromaeosaures
Groupe de petits théropodes bipèdes du Crétacé, qui, parmi les dinosaures, sont les plus proches parents des oiseaux. Ils comprennent notamment *Deinonychus*, *Velociraptor*, *Sinornithosaurus* et *Microraptor*.

Fossilisation
Processus selon lequel les substances organiques sont préservées dans la roche, habituellement par suite du lent remplacement des tissus durs, tels les os, par des minéraux que transportent les eaux souterraines.

Hadrosaures
Groupe de dinosaures herbivores spécialisés, à la tête souvent ornée d'une crête distinctive, très prospères au Crétacé. En font notamment partie *Charonosaurus*, *Lambeosaurus*, *Corythosaurus* et *Parasaurolophus*.

Herbivore
Tout animal adapté à un régime alimentaire principalement composé de végétaux.

Ichtyosaures
Groupe de reptiles du Mésozoïque hautement adaptés à la vie marine et qui ressemblaient beaucoup aux dauphins. Ils n'étaient pas proches parents des dinosaures.

Insectivore
Tout animal adapté à un régime alimentaire principalement composé d'insectes vivants ou d'autres petites proies.

Mésozoïque
Ère à laquelle ont vécu les dinosaures, il y a de 245 à 65 millions d'années. Le Mésozoïque est divisé en trois périodes : le Trias, le Jurassique et le Crétacé.

Organe de Jacobson
Aussi appelé le cartilage vomérien, l'organe de Jacobson est une petite chambre de cellules sensibles dans la cavité buccale de nombreux animaux, y compris les humains, mais il est plus développé chez les reptiles, tels les serpents. Il sert de nez accessoire pour déceler diverses odeurs.

Ornithopodes

Groupe de dinosaures ornithischiens herbivores, pour la plupart bipèdes, du Crétacé inférieur, par exemple *Iguanodon*, *Tenontosaurus*, et *Ouranosaurus*, qui ont été largement supplantés par les hadrosaures plus spécialisés du Crétacé supérieur.

Pachycéphalosaures

Groupe de dinosaures ornithischiens herbivores, pour la plupart bipèdes, typiquement du Crétacé supérieur, qui sont caractérisés par un crâne très épais, bombé et cuirassé. Les exemples comprennent *Pachycephalosaurus*, *Homalocephale* et *Stygimoloch*.

Paléontologie

Étude des fossiles.

Parasite

Tout organisme adapté à la vie de pique-assiette aux dépens d'un autre. Les exemples comprennent le ténia et la douve de l'intestin, ainsi que le parasite microscopique du paludisme dans le sang.

Parthénogène

Qualifie un animal pouvant se reproduire par clonage, c'est-à-dire sans intervention de la fécondation. Il s'ensuit que tous les parthénogènes sont des femelles. De nombreux invertébrés sont d'habituels parthénogènes, mais certaines espèces d'amphibien et de reptile pourraient l'être à l'occasion. On ne connaît aucun mammifère ou oiseau parthénogène.

Plésiosaures

Groupe de reptiles du Mésozoïque adaptés à la vie aquatique, mais pas dans l'extrême mesure caractérisant les ichtyosaures. Ils avaient la queue et le cou très longs, et un corps arrondi portant deux paires de palettes natatoires. Les exemples comprennent *Plesiosaurus* et *Elasmosaurus*.

Pliosaures

Plus redoutables que les plésiosaures, les pliosaures à cou court comptent dans leurs rangs certains des prédateurs les plus effrayants qui aient jamais vécu. *Kronosaurus*, par exemple, mesurait 12 m de long, et son seul crâne faisait près de 4 m.

Plumage

Ensemble des plumes sur le corps d'un oiseau ou d'un dinosaure, y compris la description de leur couleur et de leur disposition.

Ponts continentaux

Avant la théorie de la dérive des continents, on expliquait les similarités dans la faune et la flore de continents éloignés par la présence de « ponts continentaux », sorte de jetées entre les masses continentales qui auraient été ensevelies ou se seraient érodées.

Ptérosaures

Groupe de reptiles volants du Mésozoïque, par exemple *Rhamphorynchus*, *Pteranodon*, *Quetzalcoatlus* et *Pterodactylus*, proches parents des dinosaures. Il semble que certains avaient un tégument semblable à un pelage, mais on n'en connaît aucun à plumes.

Sauropodes

Groupe de dinosaures saurischiens herbivores, par exemple *Brachiosaurus*, *Diplodocus* et *Isanosaurus*.

Stégosaures

Groupe de dinosaures ornithischiens, herbivores et cuirassés, par exemple *Stegosaurus* et *Tuojiangosaurus*, qui se distinguaient par des rangées de hautes plaques osseuses sur le dos. Ils ont été largement supplantés par les ankylosaures au Crétacé supérieur.

Subduction

Phénomène entraînant l'enfoncement d'une plaque tectonique sous une autre, soit dans une fosse abyssale océanique, soit dans la formation d'un relief montagneux, par exemple l'Himalaya, qui a résulté de la subduction de l'Inde sous le Tibet. Voir aussi : dérive des continents.

Thérizinosaures

Groupe de dinosaures étranges, fortement spécialisés en tant que théropodes, donc carnivores d'abord, et secondairement herbivores. Les exemples comprennent *Therizinosaurus* et *Beipiaosaurus*.

Théropodes

Grand groupe composé surtout de dinosaures saurischiens carnivores. Incroyablement divers, ce groupe comprend les carnivores géants, tels que *Tyrannosaurus* et *Allosaurus*, aussi bien que les étranges thérizinosaures, ornithomimosaures et oviraptorosaures, sans compter tout une brochette de formes plus petites, souvent à plumes, notamment les dromaeosaures, les troödontidés et les oiseaux.

Titanosaures

Grand groupe de sauropodes prospères, qui ont connu leur apogée au Crétacé supérieur. En font partie *Rapetosaurus* et *Argentinosaurus*, le plus grand de tous les animaux terrestres connus.

Vertébrés

Grand groupe d'animaux munis d'une colonne vertébrale, y compris tous les poissons, amphibiens, mammifères, reptiles et oiseaux, vivants ou éteints.

Système ZW

Système chromosomique de détermination du sexe que l'on retrouve aujourd'hui chez de nombreux oiseaux dont les mâles sont homogamétiques (ZZ) et les femelles, hétérogamétiques (ZW). À comparer avec le système mammalien XY, où les femelles sont homogamétiques (XX) et les mâles, hétérogamétiques (XY).

INDEX

REMERCIEMENTS

L'éditeur tient à remercier Éric Buffetaut, du Centre national de la recherche scientifique de Paris, pour son aimable contribution à la version française.

Merci également aux personnes suivantes qui ont fourni certaines illustrations utilisées dans ce livre :

page 15 : Mick Ellison, du Muséum américain d'histoire naturelle de New York
page 24 : Don Davis

Après toutes les remarques disgracieuses qu'a faites Henry Gee à propos de Walking with Dinosaurs, il n'a jamais imaginé qu'il travaillerait un jour à un projet semblable. Il aimerait remercier Luis, le monde de la paléontologie, ainsi que Fred et toutes les filles qui l'ont inspiré dans son travail. Le Cranley a disparu mais n'est pas oublié.

Luis Rey aimerait particulièrement remercier :
Per Christiansen, Darren Naish, Scott Hartman, Nick Longrich, Marco Signore, Luciano Campanelli, Mickey Mortimer, Jaime Headden, Ken Carpenter, Tom Holtz, Midori Sugimoto, Charlie et Florence Magovern, John Hutchinson, Scott Sampson, David Lambert, Sandra Chapman, Robert Bakker, Mary Kirkaldy, Janet Smith, Dick Pierce, Mark Kaplowitz, Henry Gee, et sa partenaire Carmen Naranjo pour son aide sans relâche et son souffle créateur.
Aussi mille mercis (entre autres !) à :
Eberhard " dino " Frey, Eric Buffetaut, David Eberth, Don Brinkman, David Martill, David Unwin, Cristiano Dal Sasso, Mark Norell, Mick Ellison, David Peters, Alan Gishlick, Mike Skrepnick, Osamu Miyawaki, Mike Taylor, Greg Paul, Tracy Ford, John Lanzendorf, George Olshevsky et tous les membres du personnel chez Quarto pour leur travail soutenu et dévoué.
À la mémoire de M. Maasaki Inoue et de tous ceux qui nous ont quittés de 1999 à 2002.